# 财商修炼课

## 实现财富逆袭的6堂课

李晓峰◎著

06 让财富持续裂变

05 打开财富快速增长通道

04 提升创造财富的能力

03 不要吝啬于投资你自己

02 复制高财商的头脑

01 一定要有财富梦想

中国财富出版社

图书在版编目（CIP）数据

财商修炼课：实现财富逆袭的6堂课/李晓峰著. —北京：中国财富出版社，2019.9

ISBN 978-7-5047-7000-4

Ⅰ.①财…　Ⅱ.①李…　Ⅲ.①财务管理—通俗读物　Ⅳ.①TS976.15-49

中国版本图书馆 CIP 数据核字（2019）第 203513 号

| | | | | | |
|---|---|---|---|---|---|
| **策划编辑** | 宋　宇 | **责任编辑** | 齐惠民　郭逸亭 | | |
| **责任印制** | 梁　凡　郭紫楠 | **责任校对** | 刘瑞彩 | **责任发行** | 董　倩 |

| | | | |
|---|---|---|---|
| **出版发行** | 中国财富出版社 | | |
| **社　　址** | 北京市丰台区南四环西路188号5区20楼 | **邮政编码** | 100070 |
| **电　　话** | 010-52227588 转 2098（发行部） | 010-52227588 转 321（总编室） | |
| | 010-52227588 转 100（读者服务部） | 010-52227588 转 305（质检部） | |
| **网　　址** | http://www.cfpress.com.cn | | |
| **经　　销** | 新华书店 | | |
| **印　　刷** | 北京京都六环印刷厂 | | |
| **书　　号** | ISBN 978-7-5047-7000-4/TS·0101 | | |
| **开　　本** | 710mm×1000mm　1/16 | **版　次** | 2019 年 10 月第 1 版 |
| **印　　张** | 11 | **印　次** | 2019 年 10 月第 1 次印刷 |
| **字　　数** | 132 千字 | **定　价** | 42.00 元 |

# 前言

著名财经作家、企业家吴晓波曾经说："理财意识要从小开始培养。"所谓的理财意识，其实就是要从小开始培养财商。从某种程度上说，财商是比情商和智商更重要的东西。

"财商"一词最早是由美国作家兼企业家罗伯特·T.清崎在《富爸爸，穷爸爸》一书中提出来的。财商指的是一个人与金钱（财富）打交道的能力。现如今，人们将财商、智商和情商并列为现代社会环境下不可缺少的能力，甚至很多人认为财商是比智商和情商更重要的能力，并开始不断提升和培养自己的财商。

为什么要提高财商？

很多人觉得有没有钱是上天注定的。如果你是那个在等待财富从天而降的人，那么你可能要等很久，也许就是一辈子。此外，还有很多人认为金钱是唯一的资产，于是守着自己仅有的资产，一辈子也没过上自己想要的幸福生活。这些都是不具备财商的人。具备财商的人，一定知道机遇和金钱是可以创造出来的，而且金钱不是自己唯一的资产，自己的大脑和创造财富的能力才是自己最重要的资产。所以，致

1

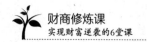

富的关键是提高财商。

财商主要包括两个方面：一方面是创造财富以及认识财富倍增规律的能力，即你可以用自己的能力和智慧把握财富倍增的规律，创造更多的财富；另一方面是驾驭财富以及应用财富的能力，即你可以通过一些手段和方式，让财富产生裂变。对于要实现财富逆袭的人，无疑需要具备超高的财商。

为了解决大家的这一问题，本书通过6章内容详细介绍了财商修炼的6堂课。

第1堂课，讲述了个人的真实故事，从一贫如洗到实现财富自由的种种经历，能够让读者深刻感受到财富梦想的伟大之处，并且能够帮助读者锁定自己的财富梦想，找到合适的理财方式。

第2堂课，通过具体事例和案例，详细地阐述了要如何复制高财商的头脑。本章主要讲述的内容是要树立正确的金钱观和消费观、培养积极的财务思维，教会读者为自己的财富自由之路设定终点。

第3堂课，利用具体的案例，讲述了提高财商思维的关键是要学会投资自己。投资自己即提高自己的学习能力，发展自己的强项。

第4堂课，为读者提供了很多提升致富能力的方法，帮读者将自己的其他能力转化成财务能力。

第5堂课，讲述的是快速增长财富的通道——创业，与读者分享创业的注意事项和相关技巧。

第6堂课，讲述的是让财富产生裂变的方式，即如何进行合理的理财投资，以及在人生的各个阶段该选择什么样的投资产品。

如果你有一个财富梦想，如果你想让自己的财富产生裂变，只是不知道从何做起，那么本书通过 6 堂课的内容，将帮助你打开致富的大门。阅读本书，你会发现并不是有钱人才能理财，理财是与每个人都有关的事情。学会理财，提高自己的财商，你会发现自己能创造的财富远远超过当下。要想探索财富世界更多的奥秘，就赶紧打开这本书吧！

# 目 录

# 第1章

# 财商第1课：一定要有财富梦想

没有钱并不是一件可怕的事情，可怕的事情是连财富的梦想都没有。一个没有财富梦想的人，会安于现状，过平凡的日子。但是一个拥有财富梦想的人，会不断突破，不断试错，直到获得自己想要的成功和财富，过上自己想要的生活。如果你想获得财富，那么你一定要有财富梦想。梦想对于个人而言，是前进的方向和动力。有了梦想，就意味着你有坚定的目标和实现目标的信念。

# 01 从一贫如洗到财富自由

中国有句俗话说："穷人的孩子早当家。"我很认同这句话。我出生在一个非常普通的农村家庭。小时候家里穷，一家人都挤在一个屋子里。那时候，虽然条件很艰苦，但是从来不会抱怨什么。我对吃的、喝的、穿的都不计较，只要能吃饱穿暖我就觉得很幸福，只要一家人能够在一起就满足了。

有一年过年的时候，邻居小伙伴拿了一辆玩具赛车找我玩，他拿着玩具很高兴地说："你看，我爸爸给我的新年礼物，我爸爸还给我买了新衣服和新鞋子。"我笑着说："玩具真酷！"其实，当时心里并不是觉得玩具酷，而是觉得有钱人家的孩子真好，羡慕他能拥有那么多东西。但是，我转念一想，爸爸妈妈已经给了我最好的，我哪能抱怨。

邻居小伙伴走后，妈妈似乎看出我情绪有点低落，便跟我说："妈妈也会给你买新衣服的。"我笑着摇摇头说："妈，不用了，我不缺衣服，去年的衣服今年还能穿呢。不是有句话说'新三年旧三年，缝缝补补又三年'嘛。"听完我的一番话，妈妈红着眼眶说："你越懂事，我越难过。没有办法，爸爸妈妈能力有限，不能给你最好的。"妈妈说完这句话，我的眼泪唰唰地往下掉。那一刻，我就想贫穷只是当下的，

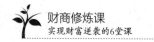

未来我一定可以创造无限的财富。也正是从那一刻起，我就有了一颗致富的心。

从一贫如洗到财富自由并不是一件简单的事情，但也并不是一件不可能做到的事情。美国著名的货币投机家、股票投资者，现任索罗斯基金管理公司和开放社会研究所主席乔治·索罗斯，他率领的投资基金在金融市场上"兴风作浪""翻江倒海"，刮去了许多财富。但是索罗斯的财富并非与生俱来，他一开始也经历了一贫如洗的阶段。

"我生来一贫如洗，但决不能死时仍旧贫困潦倒。"这是索罗斯自己常说的一句话，他把这句话裱起来挂在办公室的墙壁上。也正是因为这种意志，他才创造了巨大的财富。既然他能做到白手起家，为什么我不能？

早些时候，身边很多朋友都说"羡慕王思聪""羡慕家财万贯人家的孩子""羡慕有钱人"等。虽然出身是我们无法选择的，但它也并非完全能决定你的未来。有句话说，人生就像打牌，上帝只是负责发牌，能不能将手上的牌打赢，靠的是你自己。

在我看来，出身并不能决定未来，当下的贫穷更不是一直贫穷的理由。所以，我更加坚定自己的财富梦想。我的梦想不仅是自己的，也是家人的，我希望一家人都能过上幸福的生活，而不再因为一袋米犯愁。所以说，与其羡慕王思聪，不如成为王健林，为自己打造一个"商业帝国"。

所以，我就走上了自己的创业之路。我卖过服装，当过超市主管、副总，现在做了职业培训师，腰包渐渐鼓起来，如今还会购买一些理财产品进行投资，让财富产生裂变，可以说已经实现了自己的财富自由的梦想。我之所以能获得如今的成就，就是因为我坚信自己的财富梦能实现，并坚持走到了今天。

人生其实就是一座富矿，等待每个人自己去开采。有的人，因为离富矿的路比较远，刚走几步就开始抱怨累，不想继续走，最后他们就变成了彻底的穷人。而有的人，会不断尝试各种方式去开采富矿，最后实现了财富自由。

任何一个人的成功都不是偶然的，只有当你为了财富自由不屈斗争的时候，你生命的价值才能得以体现，你才能挖掘更多的宝藏，而不至于荒废自己的人生。

所以，如今我想说的是：比起一贫如洗，我更害怕的是没有致富的梦想和能力。

## 02 低谷激发出财富梦想

人生低谷期的态度，决定了你人生的高度。

巴顿将军曾经说过："衡量一个人成功的标志，不是看他登到顶峰的高度，而是看他跌到低谷时的反弹力。"一帆风顺的人太少了，越是有梦想要实现的人，越要经历很多挫折。

在 15 岁那年，我的人生迎来了一场变故，我的父亲去世了。这

件事无论对母亲还是对我来说都是一个巨大的打击。父亲是家里的顶梁柱，家里的一切都是父亲在打理，所以父亲离世的时候，我觉得自己的人生已经跌到了谷底。

父亲走后，一家人都沉浸在悲痛之中。母亲每天都以泪洗面，但是为了生存，又不得不打起十二分的精神继续忙碌。有时候，我远远看着母亲，佝偻着腰在地里干农活儿，心就像被刀子扎了一样疼。那时候我就在想，母亲是父亲深爱的女人，父亲走了之后，我应该替父亲照顾她、守护她，给她最好的生活，而不是让她每天受苦受累，为我们的生活辛苦劳作。

那段时期是我人生的低谷期，也是我人生的反弹期。我开始不断思考，以后的生活该如何继续。我一定要赚很多的钱，让母亲过上幸福的生活。

父亲还在的时候，我可能没有表现得很积极，家人也许会觉得我不够成熟懂事，父亲走后，家人以及邻居都觉得我发生了很大的变化。而正是这些变化使我获得了成功。

以前，我可能觉得钱少一点没关系，钱少一点就少花点。但是父亲走后，家里陷入更窘迫的境地，母亲也更辛苦。看到这些我不再觉得钱少一点就少花一点就可以，而是迫切希望自己快速成长，能够走上财富自由之路，能够肩负起身上的责任，照顾好这个家，照顾好母亲，给母亲最好的生活。于是，我开始努力实现自己的财富梦想并付诸实际行动，决定出去打工赚钱。现在回想起来，仍旧感激那个低谷期没有放弃梦想的自己。

人生本来就不是一个一帆风顺的旅程，途中多少都会遇到一些困难和坎坷。遇到低谷期，有的人会选择重新出发，而有的人会选择放弃甚至颓废到底。那些选择放弃的人，他们害怕自己的付出得不到回报，害怕自己会再次失败，害怕自己越混越差。而选择重新开始的人，他们会一直坚定自己心中的梦想，并且会通过自己的努力去实现这个梦想。

但是，不得不承认的是，处于低谷期的人都非常脆弱。当年父亲走的那段时间，我每天都很难受，恨不得在家睡一天，什么都不想面对。但是看到母亲，我觉得这样颓废下去不行。于是我就激励自己一定要振作起来，所以后来就跟几个朋友出去打工。

打工虽然能获取一定的收入，但是一年下来只能攒几千元。这些钱虽然能够改善家里的生活，但是不足以给母亲更好的生活。每次过年回家，看到母亲还穿着几年前的衣服，经常吃剩饭剩菜，我就觉得不能一直给人打工，不禁期待心里埋下的那颗致富梦想的种子能够早些开花，让母亲过上更富足的生活。

所以，无论命运赋予了我什么，我相信这一切都是可以改变的。我不会抗拒命运，但是我会改变自己。只有坚定自己的信念，并通过自己的努力，去提升自己生命的价值，才能创造更多的财富，实现自己的财富梦想。

# 03 勇敢抛弃背离财富的路

人生就是一个不断选择的过程，在这条路上会出现很多岔路口，有的路会让你离财富越来越近，而有的路会让你离财富越来越远。所以，要想早日实现自己的财富梦想，必须勇敢抛弃背离财富的路。

我最初跟朋友一起出来打工的时候，过的是两点一线的生活，每个月只能拿一千多元的工资。那个时候，觉得自己只是在生存而不是在生活。打工两年后，我就开始思考，自己以后到底想要什么样的生活。

每个月发工资的时候，都是同事们最开心的时候，而我却开心不起来。我觉得打工的收入太少了，一年下来攒不了多少钱。这样下去，十年、二十年我都无法让家人过上幸福的生活。

于是，我渐渐开始明白，自己想要的不是眼前的生活。如果继续在这里打工，五年、十年，甚至二十年后，我依然是一个打工的人，我不可能靠着打工赚钱发家致富，甚至会离致富的道路越来越远，于是我毅然决定抛弃了这条路，选择自己创业。在这之后，我就像一只找对了方向的风筝，在实现财富梦想的道路上越飞越高。

所以，我想告诉大家的是"道不同，财富大不同"。如果你发现自己当前的路，不能实现自己的财富梦想，甚至让你离财富之路越来越远，那么你就应该果断抛弃这条路。那么我们具体应该抛弃哪些背离财富的路？

美国理财专家考利利用五年时间，对美国富人和穷人的日常行为进行调查和分析。调查结果发现，美国富人和穷人之间最大的差异在于"致富习惯"。考利认为，每一个人在生活中都有一些"致富习惯"，也会有一些"穷人习惯"，增加"致富习惯"可以使财富倍增，远离"穷人习惯"可以改变贫穷。换句话说，勇敢抛弃背离财富的道路，其实就是要抛弃"穷人习惯"，选择正确的财富道路。如果你现在在做一份工作，只是为了生存，那么你这么做就是在背离财富的路。

相关调查显示，有一大半的富人在生活和工作中都有明确的目标，他们甚至将自己每天要做的事情都列出来。对于他们而言，时间就是金钱。但是穷人很少会这么做。所以，如果想实现财富梦想，必须抛弃没有目标的工作。人不能没有目标，这样的日子是没有价值的，只会让你离财富越来越远。

除此之外，你还要懂得扩展你的人际关系。如果你的工作或者生活的圈子太狭小，那么一定要抛弃这样的圈子，或者努力将自己的圈子不断扩大。相关调查显示，有68%的富人喜欢交新朋友，而只有11%的穷人喜欢交新朋友。人脉其实就是金钱，富人之间的人脉甚至可以说是金脉。

所以，如果一份工作能给予你的仅仅是可以生存下去的钱，那么你真的应该考虑离开。我那时候离开打工的地方，并不是赌气，只是因为我在打工的地方看不到未来，而我又明确了未来自己想要什么。换句话说，如果现在工作的地方或者说你当下做的事情，没有给你带

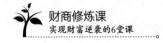

来利益，无法让你认识更多的人，无法打开你财富思维的大门，那么就要果断离开，寻找"新大陆"。

## 04 找到最适合你的生财之路

很多人会有这样的疑问：为什么我每天这么努力、这么辛苦，却赚不到钱？其实努力、辛苦不是赚钱的关键，赚钱的关键是要找到适合你的生财之路。

当每月领到一千多元的工资时，我就知道替别人打工是很难致富的，至少对我而言，这不是最适合我的生财之路。

当上连锁超市的副总后，偶然一次机会，我了解到了职业讲师这个职业。据了解，这个职业的收入比较高，一般一天的收入是一万多元。当时我就觉得这是一个实现财富梦想的机会，相信自己有一天也可以成为职业讲师，一天能够赚到以前一个月才能赚到的钱。

有了这个想法后，我就开始行动起来。我投资了好几万元，去北京、上海、深圳等地参加讲师技能培训、课程设计以及落地的职业实战技能等课程。学完这些课程后，我就根据自己的职业经验和职业特性设计了比较偏实战的课程，比如营销课程，尤其是家居、建材行业，我研究得比较多、比较透。随着不断地学习和培训，我在整个行业中也开始小有名气，来听课的学生越来越多，收入也随之越来越高。

为了不断提高自己的收入，一般设计完课程后，我自己首先要对课程进行熟悉和学习，并且要不断自我训练，以达到更好的讲课效果。此外，我还找了一些专业的推广机构来推广自己的课程。

记得在十几年前，我第一次赚到2万元时，高兴的是，觉得讲师这个职业很适合自己，而且收入也比较可观；自豪的是，我的学生在我的辅导下有了进步、成长，销售订单成交量不断增加，不仅提升了自己的业绩，还获得了自己想要的成功和财富。

当上职业讲师后，收入比之前翻了一倍甚至更多，但是我并没有因此而满足于当下，而是在思考要怎样才能让财富倍增，实现一天能赚到一个月的钱，甚至一年的钱。

后来，我开始努力学习财商，我个人觉得人挣钱，不如钱挣钱。一个人要想实现财务自由，就要懂得持续收入，用钱生钱的道理。一旦我们的被动收入能够大于日常支出，就意味着我们可以实现财务自由，过上自己想过的生活。

虽然一名职业讲师已经能让我过上不错的生活，但是我觉得每天上课，这种体力支出很大。况且，职业讲师收入再多，讲完课之后，收入来源就断了，没有后续的收入。而真正意义上的财务自由是，可以获得源源不断的收入。

于是，我就开始思考，要怎么做才能有持续收入、被动收入。后来，我就做了一个投资理财项目，慢慢地获得了一些收益。随着自己的不断努力，有一个月我竟然赚了30万元，这30万元正是我投资理财项目的收益。

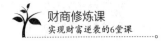
讲师职业有淡旺季之说，每年大概有 2 个月是淡季，剩下 10 个月才是赚钱的时间，一年下来，总收入大概在三五十万元。而我做投资理财一个月就能赚到 30 万元。如果按照这个比例来看，做投资理财一年的收入是我之前做讲师的 12 倍。而这就是倍增。所以，后来我花了更多的时间和金钱开始学习投资理财，学会让钱生钱。

从一贫如洗到现在的财富倍增，于我而言，这个过程就是一个不断发现、不断寻找的过程。现如今我终于找到了适合自己的生财之路。一旦找到适合自己的路，前行的方向就明确了，对未来的信心和勇气也会更足，更有利于我们创造更多的财富。

所以，要想获得财富，就要行动起来，去探索、去寻找自己的生财之路。当然，你可以学习那些已经在致富道路上的人，学习他们的方法或者请求他们的帮助，但是不能生搬硬套他们的方法。要知道，你才是最懂自己的那个人，只有你自己知道哪种方式是最适合自己的，能够让自己在致富的道路上越走越远。

此外，在寻找适合自己的生财之路上，难免会遇到一些困难和挫折。比如我在卖服装的时候，就遇到了商场拆迁的事情，但是要记住，要想实现财富自由，无论多大的困难都要坚持下去。一条路行不通就换一条路，只要坚持下去，你一定能找到适合自己的生财之路。

当你脚下的路对了，你的方向明确了，一切困难都会给你让路。

# 05 允许财富梦想不安分

　　贪图安逸的人，永远不会获得成功，"安分守己"的人，很难实现财富梦。所以说，如果你想走上财务自由之路，就要允许财富梦想不安分。

　　我正是一个很不"安分"的人。在打工的那些日子里，我不是没有想过离开这个狭小的地方去外面闯一闯，只是在等待一个成熟的时机。我的内心从来没有安分过，不会因为每个月的工资能够维持生活，就安分守己地待在那个没有未来的地方。

　　打工期间我经常会跟身边的朋友聊自己的财富梦想，但是他们都只是把它当成一个笑话来听。他们认为自己没有什么能力，学历也不高，也就只能在这样的地方打工，别指望什么发财致富了，能养活自己和家里人就够了。要是真不想在这待着，最多就换个待遇好些的公司。

　　每个人都有自己的想法，而我的想法跟他们完全不同。虽然我能力不够、学历也不高，但是这并不意味着我只能止步于此。于是，22岁的时候，我毅然决定离开了那个地方，那不是我一直想要的生活，也不是我期望的未来。

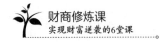

那时正值改革开放初期，很多人通过经商已经成了万元户。于是，我也抓住了这个商机，自己卖服装，赚了一点小钱。以前一个月只能赚1500元左右，自己做生意后，一个月能挣3500元，生意好的时候能赚到10 000元。

然而，上帝也没有一直眷顾我。没多久，商场开始拆迁。那时候我还年轻，心智不成熟，身边又没有人引导，不知道该如何面对，当时非常迷茫，就没有继续做下去。

但是，我清楚地知道自己对商业很感兴趣。后来，因为自己以前有类似的工作经验，加上自己卖过一段时间服装，成功应聘上了附近一家超市的主管。当时主管的月工资仅1000多元，但是我想在这个岗位上能学到一些商业知识和管理知识，有助于自己以后的发展。

当上主管之后，我并没有认为自己已经高枕无忧了，而是想通过努力坐上经理的职位，赚更多的钱，甚至想做超市的总负责人。功夫不负有心人，后来我成功地晋升为连锁超市副总经理，无论是职业发展还是个人收入都得到了提升。当时，年薪已达到15万~20万元，但是我仍旧不安于现状，我认为无论是副总经理还是总经理，都属于高级打工者，没有自己的企业，财务依然不能自由。

著名作家鲁迅先生曾说过："世上本没有路，走的人多了，也便成了路。"我自己的财富自由之路，正是由于自己的"不安分"走出来的。所以，我认为每一个成功人士的身上都有一个特质——不安分。

我把世界上的人，大致分为三类：

第一类：他们对生活没有很大的奢求。对他们而言，"生活"等于"生存"。

第二类：他们想要改变自己的生活，为了获利他们可以做任何事情，他们没有尊严。虽然他们最终获得了一定的利润，但是已心力交瘁，可以说是得不偿失。

第三类：他们懂得努力学习，懂得用自己的能力去创造价值，实现自己的财富梦。

但是大多数人都不是第三类人，只是第一类人或第二类人。正如我最开始打工时候认识的那些朋友，他们就属于第一类人。他们习惯了逆来顺受，而不懂得改变自己。他们不懂得选择，只能被选择。久而久之，他们就会丧失创造力，在工作中，不求富贵，只求无过。这类人想要实现财富自由，简直是天方夜谭。

所以，要实现财富自由，就要允许自己有一个不安分的财富梦想，努力成为第三类人。同时，要相信每个人都是有致富潜能的，你不逼自己一把，你都不知道自己究竟有多优秀！

# 06 抓住每一个财富机遇

一个人的一生中，可以获得财富的机会有很多，关键在于你是否做好了准备，是否能够抓住每一个机会。

2016年下半年，我凭靠投资理财，个人资产已经达到了千万元，

完全实现了财务自由。我给母亲买了一栋带院子的房子，不仅实现了自己的愿望，也实现了妈妈的愿望。而之所以能取得今天的成就，就是因为我把握住了每一个财富机遇。

法国著名思想家罗曼·罗兰曾经说过，生命很快就过去了，一个时机从不会出现两次。如果有人错过机会，多半不是机会没有来，而是因为等待机会者没有看见机会到来，或是机会到来时，没有一手抓住它。所以说，机会是留给有准备的人的，要想走上致富之路，就要抓住每一个财富机遇。

财富永远属于有眼光的人。换句话说，财富的秘诀不在于努力，而在于善于发现机会。以前打工时候遇到的同事，他们其实内心都有一个致富的梦想，只是因为他们始终认为自己心有余而力不足，唯一能做的就是在自己的岗位上好好干活，或者通过加班增加自己的收入。

有想法，就要付诸行动，行动是抓住财富机遇最有效的方式。所以，如果你有很好的想法，你希望自己能够实现财富梦想，那么请你赶快行动起来。财富机遇是无穷的，但人生是有限的，不要等到自己八十岁才想起十八岁时的梦想，为时已晚。

2016年下半年，我开始转型做投资人，辅导我以前的学生进行投资理财，想帮助更多的人实现财务自由。很多学生在我的辅导下，实现了年入百万元的梦想。我不仅自己实现了财务自由，我还利用自己的经验帮助别人，改变身边很多人的财务思维，助他们实现财务自由。

我之所以能够取得今天的成就，正是因为我坚信，要抓住每一个致富的机会，才能有更大的可能获得成功。所以说，世界上其实没有不能得到的财富，关键在于你是不是能够抓住每一个财富机遇。

第2章

# 财商第2课：复制高财商的头脑

穷人和富人之间最大的差别是什么？绝大多数人会认为，穷人和富人之间最大的差别是钱的多少。但是实际上，穷人和富人之间的差距不在于此，而在于财商和思维方式的差异。财商的高低和思维方式的不同，决定了人们价值观、金钱观和消费观的不同，而这些最终能决定一个人能拥有多少财富。

# 01 如何看待金钱

从古至今，金钱永远都是人们绕不开的一个话题。

大到一个国家、社会，小到普通老百姓，都离不开金钱。国家的强大离不开金钱，经济的发展需要金钱，一个人衣食住行等物质需求需要金钱来维持，琴棋书画等精神需求也需要金钱来支撑，甚至在一定程度上，安全感也能由金钱来满足。

金钱可以维护你的尊严，让你不必依赖他人，也不必委屈自己对别人卑躬屈膝；金钱甚至可以支撑你的梦想，帮你实现人生目标。

金钱如此重要，多少人视金钱如生命，有人为了获得金钱，不惜铤而走险，贪污受贿；还有人为了获取金钱，抢劫偷盗。最后这些没有正确对待金钱的人锒铛入狱，终身为钱所累。也有些人视金钱如粪土，觉得金钱臭不可闻。《晋书·王衍传》中记载，王衍极为清高，憎恶钱，从来不说"钱"字，不得不说"钱"这个字的时候，就将其称为"阿堵物"。此外，还有一些人视金钱为万恶之源，他们痛恨金钱。

其实，金钱本身无所谓好坏。它只是一切商品交换的媒介，作为价值尺度、支付手段、流通手段和储存手段而存在。金钱没有过错，错的是那些没有正确看待金钱、使用金钱的人。

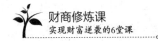
在很多人心目中，比尔·盖茨就是财富的象征。那么这位大富翁是如何对待金钱的呢？

比尔·盖茨虽然拥有很多钱，但是他并没有挥金如土，私下生活中他非常节省。关于节省，比尔·盖茨身上曾发生过这样一个小故事：

比尔·盖茨开车去希尔顿开会，但是等他们到的时候，已经没有普通的停车位了。身边的朋友建议他将车停在酒店的贵宾车位，比尔·盖茨拒绝了朋友的提议。朋友说："我帮你付钱。"比尔·盖茨依然拒绝了。

看到这里，很多人也许会认为比尔·盖茨是一个守财奴。但事实并非如此，比尔·盖茨会将钱用到员工培养中，用来提高他们的收入。此外，比尔·盖茨还热衷于慈善事业。他曾说，他愿意将95%的财产捐出去。

所以说，比尔·盖茨不是守财奴，只不过他对待金钱的方式与普通人不一样。对金钱的态度，比尔·盖茨曾表示："我只是这笔财富的看管人，我需要找到最合适的方式来使用它"。在实际生活中，比尔·盖茨也一直在坚持这种对金钱的态度。这也解释了比尔·盖茨为什么不愿意多花钱将车停在贵宾区，因为他觉得那不值，他宁愿将这几美元花在更有价值的地方。

对比尔·盖茨来说，工作是为了实现价值，并非是为了赚钱。他只不过是在实现价值的过程中，创造了财富，但他并未被财富所累、被金钱所困。比尔·盖茨这种正确对待金钱的态度也正是他不断突破自我、登上世界首富宝座的一个助力。

作为一个普通人，我们应该如何看待金钱？

### （1）不视钱如命，也不羞于谈钱

"天下熙熙皆为利来，天下攘攘皆为利往"，金钱确实对每一个人来说都很重要，人们为了获得更丰厚的物质条件，给自己和家人一个更好的生活，每天忙忙碌碌，费尽心血。但是，金钱只是让自己、家人生活得更好的一个工具而已，它不是你努力奋斗的最终目标。

如果把赚取金钱当作人生的最终目的，甚至是唯一目的，那么，你的生活会失去很多色彩，你会错过路上的风景。

对待金钱不能唯"钱"是图，把金钱看得比健康、家人、朋友还重要。那些连一分一毫都计较、视钱如命的人，眼中看到的只有利益，而没有"人情味"。他会在金钱中迷失自我，彻底沦为金钱的奴隶。最后，亲情、爱情、友情都会离他而去，身边除了冷冰冰的钞票，再无其他，终将变成"孤家寡人"。

对待金钱，也不能自命清高，鄙视金钱。真正贫穷的人，不是没钱，而是羞于谈钱。没有必要因为轻视钱而失去赚钱的动力，让自己和家人吃尽没钱的苦头。应努力赚取金钱，让自己有机会去旅行、去品尝美食、去维系各种感情，并通过赚取的金钱实现自己的价值。

因此，我们每个人都要正确看待金钱，成为金钱的主人，让金钱这个工具更好地服务于我们。

### （2）用正当手段赚钱，学会财富管理

社会上有些人被金钱迷花了眼、蒙了心智。为了获取金钱，他们

坑蒙拐骗，无所不用其极，做出了危害他人、危害社会，甚至危害国家的事。这种人不仅会因为自己的所作所为遭人唾骂，甚至会因触犯法律，身陷囹圄。

君子爱财，取之有道。一个人要在合法、合理的原则下，靠诚实劳动获得金钱。只有取之有道的赚钱方式，才能创造真正的价值。比如，不良商家卖质量不合格的玩具、毒奶粉等，虽然他们可以赚取钱财，却伤害了儿童。这些恶劣的赚钱手段，无法创造真正的价值，会使你受到道德的谴责和法律的惩处。

我们通过正当手段赚取一定数目的金钱后，要学会管理财富。根据个人经验，金钱要流通才能创造更多的财富，让金钱躺在银行"睡大觉"，虽然能获取一定的利息收入，但更多的其实是资源的浪费。同时，我们还要学习更多的金钱方面的知识，并将学到的知识用来科学管理自己的财富，让"钱"生"钱"，这才是正确管理财富的方式。

### （3）正确使用金钱

浪费金钱，既是不尊重自己的劳动成果，也是缺乏财商的一种表现。

根据自身实际的经济情况，合理、正确地使用金钱，把金钱花在该花的地方，这才是作为金钱的主人对待金钱应该有的态度。如果能把自己数年积累下来的金钱用到有利于国家、社会、他人，或者有利于全面发展自己、实现人生目标的地方，就做到了正确使用金钱。

## 02 高财商vs低财商

穷人和富人之间的差别，并非简单地体现在财富的多少、地位的高低上；最直接、最根本的差别其实体现在财商的高低上。

财商是指一个人在理财方面的能力，包括正确使用金钱和正确认识金钱规律的能力，反映了一个人的理财智慧。财商可以通过后天的学习和训练提高。

一个人要想获得财富，一定要摆脱传统金钱观念桎梏下的"思维牢笼"，学习理财知识，培养自己的财商，合理、合法地赚取财富。

举个例子，10年前，一个23岁的年轻人通过自己的努力，赚取了人生中的第一笔财富5万元。如果他财商较低，不懂理财，只是把5万元存入银行，获取利息。那么这10年来，5万元产生的利息寥寥无几。而且，受通货膨胀等因素的影响，5万元所产生的价值已经远不及10年前，财富大大贬值。

如果换作另一位具有高财商思维的年轻人，他可能会将这5万元投入市场，从事其他买卖，或者他会用这5万元购买理财产品。用5万元创造另一个5万元，并不断进行投资。那么，在这10年间，5万元就会变成50万元，甚至500万元。

生活中，大多数人为了财富奋斗终生而不可得，其原因不是懒惰、运气不好，最根本原因是缺乏高财商思维，只知道埋头拼命赚钱，却从不去思索如何让钱生钱。

财商与一个人挣多少钱没有关系，而是与我们能留住多少钱以及让这些钱为我们工作多久有关系。

如果金钱能够为你不断买回更多的自由、健康、幸福，就说明你具有高财商思维。而如果你的财富在增多，但是财富不能为你带来这些改变，你仍然要为获得这些改变不得不更加辛苦地工作，你仍然只是具有低财商思维。

准确来说，高财商思维并非可以简单地被理解为善于和钱打交道，或者掌握多少金融和理财知识，而是以正确的态度对待金钱，用实际可行的技能和方法，让金钱为自己所用，从而改变自己，让自己拥有更多的选择权。

那么，一个人应该如何做，才能成为不为财富所累的高财商者呢？

### （1）培养正确的财富观念

中国人普遍缺乏财富意识，认为谈钱、赚钱是一件很俗，甚至可耻的事情。哪怕是经济发达的现代社会，学校和家庭教育都是要求孩子认真读书，几乎不会有意识地为孩子提供财商教育，父母也不会让孩子自主安排自己的金钱。

由于从小没有接受过理财方面的教育，等到成人以后，大多数人仍缺乏正确的财富观念，从而出现了透支消费、不合理消费等现象。

即便有些人靠着存储而积累了一些财富，也会因为缺乏理财能力和正确的财富观念，而无法用钱生钱的方式去创造更多的财富。

因此，要想成为高财商者，就必须具备正确的财富观念，正确认识金钱的作用，不羞于谈钱，不耻于赚钱，养成科学合理地使用金钱的习惯。

### （2）提升财富素质

财富素质是形成高财商思维的重要因素，也是创造财富的基本保证。要想提升财富素质，你需要不断学习理财知识、经济知识、财务知识和法律知识。

学习理财知识、经济知识和财务知识，能够提高使用金钱的能力和赚取金钱的能力。而学习法律知识，则是让你知道在赚取金钱的过程中，哪些事能做，哪些事不能做，让你合理并合法地赚取金钱。同时，你还可以选择一些低风险的理财产品尝试投资，增加投资经验，提高投资能力。

### （3）提高财富创造能力

一个人的财富创造能力有可能来自经商天赋，也有可能来自后天的学习。提高财商最简单、最轻松的方法，就是学会借鉴经验。在别人失败的经验中得到警示，从别人成功的经验中得到启发，这些都可以让你少走很多弯路。

高财商的一个重要体现，就是具有成本意识，能够以最少的投入获取最大的回报。成本投入得越少，换取的回报越大，越能体现财富

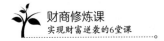
的创造能力。

同时，要想提高财富创造能力，还需要经常深入市场，及时了解市场的供求信息、政策信息等外界因素，这些都对财富创造能力的发挥有很大的影响。

### （4）提高驾驭金钱的能力

要让金钱为你所用，而不是被金钱所奴役。当你积累了一定的财富，能够用金钱满足你想要的物质、精神需求之后，就要懂得用实际可行的技能和方法，让金钱为自己所用。

当你获得财富自由，拥有了更多的自主选择权后，你才有能力和机会去思考，如何改变这个社会、如何为他人提供帮助。

## 03　培养积极的财务思维

每个个体或者组织只要在这个经济社会生活，就必然会涉及如何管理财务的问题。但是，绝大多数人并没有将管理财务当成一个专门的技能去学习和强化，因此他们不具备积极的财务思维。

以个人为例。一个人要通过什么样的方式获得金钱？又要通过哪些方式把这些钱花出去？花钱的途径有很多，如购买产业、投资、购买债券、购买保险，这些都是最简单的理财方法。不具备财务思维的人，只会把这些看成生活最普通的一部分，然后一直过着普通的生活，无法实现财务自由。而具备积极财务思维的人则会思考"通过哪些方式能够赚到更多的钱""我做这件事对自己的收入是否有影响""这个事情是赚钱还是赔钱"，等等。如果你在做一件事情时也时常会这么想，那么恭喜你，你已经具备了一定的财务思维。

其实，财务思维并不是一个很深奥的东西，简单来说，就是凡事都想想自己是赚钱还是赔钱，花出去的钱要通过哪些方式赚回来等。这是财务思维最基本的思路。具体来说，财务思维就是个人或者组织在做决策时把损益、现金流等因素考虑进去。财务思维具有两大特性：

第一特性：结果导向性，强调的是结果。例如，我去奶茶店买一杯奶茶，但是奶茶的分量太大，于是我跟店员商量说："能不能给我一半的量，然后收我一半的钱。"店员拒绝了我的请求，说店里规定不能这么做。最后我选择不买这杯奶茶，因为我不需要这么大分量的奶茶，如果我买了这杯奶茶，最终结果是我的利益会受损。

第二特性：整体性，任何的变量都不是孤立存在的。例如，一个公司的收入情况会受到公司资产的制约，资产又会直接影响收入，收入变化利润也会发生变化，而利润变动现金流也会随之变动。所以说，财务思维具有整体性。因此，在管理财务问题的时候，要将所有变量联系起来，不能单看某一个变量。

实践中，用财务思维去经营一家企业能够及时发现企业存在的问题，并可以及时解决问题，帮助企业挽回损失。换句话说，财务思维决定了一家企业的发展前途。同理，对于个人而言，是否具备财务思

维也决定了其能否实现财务自由。

那么，作为个体，我们要如何培养积极的财务思维，避免出现财务危机呢？

### （1）改变茫然的金钱观，学会记账做预算

现实生活中，很多人对花钱没有概念。或者说，他们觉得钱就是用来花的。于是，到了月末，他们发现除了还不完的信用卡账单和蚂蚁花呗账单，资金几乎所剩无几。甚至还有人从不靠谱的网络平台借贷，"拆东墙补西墙"，最终使自己深陷泥潭，无法自拔。

对这些没有金钱概念的人，培养他们积极的财务思维首先要从改变他们不正确的金钱观，教会他们记账、做预算开始。

这是培养财务思维最简单，也是最基本的方法。我们可以准备一个财务日记本，或者安装一个记账 App（应用程序）。现在市面上有很多功能比较齐全的记账 App，可以很简单快速地记录你每个月的消费情况。

一定要坚持每天记账，并且要做到事无巨细，不能因为钱少就不记。有记账习惯的人应该能发现，我们每天花的钱都是一些零碎的小钱。但看到账单时，我们会大吃一惊，"怎么每天就花几元，一个月能花上千元"。一旦有这样的想法，我们就要通过记账本去查看，哪些钱是必须花的，哪些钱是不必花的，进而可以据此做下个月的预算。如果我们发现这个月聚餐次数太多，花费的钱占了月生活费的绝大部分，下个月在娱乐上面的预算就应该相应减少。当你这样坚持记账一段时间后，你就会发现，你在娱乐上的消费基本能维持在可控制的水平。

记账做预算，除了能够控制自己的消费，还可以增加自己的储蓄。

当我们对每一笔钱都知道去向，都知道必须要做何用时，就已经具备了一定的财务思维。

### （2）控制成本，"抠门"不是件坏事

不要为了面子而"打肿脸充胖子"，"抠门"不是件坏事。

无论是工作还是生活，具备积极财务思维的人都会选择性价比较高的产品，他们平时会关注各种产品的价格信息。大到家电家具，小到菜市场的蔬菜水果，他们都会根据已知信息对自己要购买的产品进行预估。如果价格超出了自己预估的范围，他们就会果断放弃。

### （3）以结果为导向，求回报

财务思维的一大特性是以结果为导向。因此，培养积极的财务思维要做到以结果为导向，一分投入，十分回报。也就是说，花出去的每一分钱都要值得，不能"打水漂"。如果没有得到自己想要的结果，那就要分析原因，避免下一次再出现这样的情况。具有投资回报思维的人，更容易获得财富。

### （4）对待任何一笔消费都要认真、谨慎

从专业财务人士的办事态度中我们不难看出，他们对待每一个数字都很认真、谨慎，一旦他们出错，哪怕只是少一个小数点，都会给公司带来巨大的损失。虽然个人财务问题不必要过于严谨，但是这种态度是培养积极的财务思维所必备的。

当你有了积极的财务思维后，你才能更好地投资自己，实现财务自由。

# 04 为财务自由之路设定终点

走上财务自由之路、实现财务自由是绝大多数人的梦想。很多人一开始怀揣着这个梦想，斗志昂扬地走上这条路，但是没多久就选择了放弃，他们不想实现财务自由？他们认为金钱不重要？都不是，是因为他们不知道路的尽头在哪。所以，走上财务自由之路之前，请先设定终点。

设定终点即有明确的目标和方向，它会给你走上财务自由之路带来巨大的动力。设定终点，并非一定是最终能赚多少钱，也可以是你希望达到的一种生活状态。理财只是到达终点的一种手段，财富不是最终目的。

日本麦当劳株式会社创始人藤田田是有名的富翁。有一次，有人询问他什么是生财之道。藤田田没有直接回答他，而是反问道："我可以教你，但是你必须告诉我，你要拿这笔钱来干什么？"那个人很茫然地说："我也不知道，我从来都没发过财。"藤田田说："那怎么行，发财之后要到墨西哥的阿卡普尔科港玩一趟，赚钱了以后要买房子、买汽车……预先有个目的，这是赚钱的规则。"

要想成功地走上财务自由之路，实现最终的财务自由，就要知道赚钱只是一种手段。你必须首先设定一个终点，然后根据自己的终点制订计划，不能糊里糊涂地赚钱。

### （1）了解自己的资产状况

理财三部曲：过去、现在、未来。

过去的资产状况是指过去所赚得的资产，即当下拥有的资产数量；现在的资产，顾名思义就是当前的收支情况和储蓄能力；而未来的资产是指，我们未来想获得什么样的财富。我们要设定财务自由之路的终点，首先要全面地了解自己的资产状况。

> 廖婷婷是一名刚毕业的大学生，每个月的收入是3000元。她租的房子在市区，每个月的房租是1200元。每个月的交通费是200元左右，自己不做饭，餐费每个月1000元左右。还有些其他开支，这样算下来，每个月最后剩下的钱就没有多少了。也就是说她的收入跟消费几乎是持平的。

> 有一天廖婷婷在逛网店的时候，看上某厂家新推出的一款数码相机，价格是15000元。于是她下定决心，一年之内实现自己的目标。这一年她过得非常拮据，但是最终她也没能实现自己的目标。

其实，我们仔细想想都会觉得这个目标无法实现，因为它跟自己的资产情况不符。所以，我们在设定财务自由之路的终点时，一定要考虑自身的资产情况。

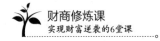

### （2）设定财务自由之路的终点

财务自由的终点不是一个简单的数字，终点设定得越明确，越容易实现财务自由。一般来说，设定财务自由之路的终点要考虑以下几个因素：

第一个因素：具体时间。设定终点时如果没有明确的时间限制，终点将永远无法到达。举个简单的例子，如果现在我每个月的工资是5000元，我计划要努力攒10万元。由于没有时间限制，我不会有太大压力，也许10年都攒不了10万元。相反，如果我计划每个月要攒3000元，争取3年能攒到10万元。那么我每个月就会控制自己的消费，争取实现这个目标。财务自由之路也是如此，要根据自己的资产状况和自身的赚钱能力，设定合适的截止时间。

第二个因素：具体金额。每个人对财务自由的定义不一样。这就要求每个人要根据自己的具体情况，设定具体的金额。虽然我们无法预估自己需要多少钱，但是可以通过预算算出大概的数字。

第三个因素：对终点的描述。一个人对未来有美好的憧憬，当下才会有动力去做这件事情。因此，我们不妨试着描述一下，实现财务自由后，我们会过上怎样的生活。

设定目标、具体的金额和对终点进行描述是为了厘清最终到达的终点是哪里。

### （3）回归现实，计划要做哪些工作

要想快速抵达财务自由之路的终点，就要回归到现实的生活中，立马行动起来。

我们要根据自身的资产状况和自己设定的终点，制订合适的计划，并为实现计划做好充足的准备，如学习理财方面的知识和技能，提高自己的风险意识等。

综上，不要认为赚钱的目的就是赚钱，也不要认为实现财务自由就是为了不被他人束缚，你的目的应该是过上自己想要的生活。实现财务自由之路的终点在哪里，决定了你要投入多大的热情去做这件事，也决定了你要用多长时间来实现财务自由，实现自己的理想生活。

所以，在走上财务自由路之前先问问自己"我为什么要走上这条路""我的终点在哪里"，然后努力朝着终点奔去。

# 05 树立正确的消费观

网络上曾经流行过一句话，"钱不是省出来的"。于是，很多人把这句话当成自己消费的借口，他们提倡"喜欢什么就买什么，开心就好""赚钱就是为了花的，留着有什么意思"。但是结果往往是，因为一时冲动而买回来的一大堆东西，刚买回家就搁置起来。而这些东西几乎花光了他们的工资，甚至有些人工资不够花，还刷信用卡。而这些都是错误的消费观念导致的。

钱是赚出来的，也是省出来的。我们可以想象一下，我们父母那一

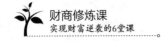

代都比较辛苦，赚钱十分困难，但是他们还会供我们上大学，这些钱是从哪里来的？都是省出来的。所以，要想快速成为高财商精英，实现财务自由，就必须要树立正确的消费观念，让每一分钱都花在刀刃上。

消费是一种行为，而人的行为是受心理支配的。一般来说，人们在日常消费中会有以下几种消费心理：

第一种：从众心理。追求时尚、潮流是人的一种心理，这种心理往往会引发人们对某类或者某种风格产品的追求，并因此形成一种流行趋势。这就是从众的消费心理，简单来说，就是大家有什么我就要有什么。

第二种：求异心理。每个人都有自己的个性，很多人会通过消费来展现自己的个性。简单来说，就是我的东西跟你不同，你买不到和我一样的产品。高价的限量产品，正是迎合了消费者的求异心理。

第三种：攀比心理。有些人购买商品的目的不在于商品本身的作用和价值，而是想攀比。简单来说，就是自己的东西一定要比别人的好，心理上才会得到满足。

第四种：求实心理。消费者在选择产品时，更多考虑的因素是产品的质量是否好，价格是否合适，操作是否方便等。他们秉持的观念是"只买对的，不买贵的"，而这正是值得提倡的正确的消费观念。

那么要如何做才能树立正确的消费观念？

### （1）树立以求实心理主导的消费观

树立正确的消费观，必须以求实心理为主导。在购买一件商品的时候，我们要考虑的因素是产品的质量、价格和服务等，要考虑是不是物有所值，或者物超所值。

### （2）量入为出，适度消费

某商家推出了一款新的电子产品，价格为 10199 元，而你目前每个月的工资是 3000 元，如果你想刷信用卡去买这个电子产品，那这就是典型的过度消费。这种消费会让你快乐一时，但会使你痛苦大半年。所以，正确的消费观念是，量入为出，适度消费。所谓的适度消费就是在自己经济能力承受范围内进行消费。适度消费包括抑制消费和不超前消费。

### （3）避免盲目从众，做到理性消费

流行的不一定是好的，比如感冒。因此，要保持理性地消费观念，不能因为别人有我就一定要买，要根据自己的经济能力和需求来购买产品。在消费之前我们可以问问自己"是不是一定要买""我的经济能力是否能承受"。

我认识一位朋友，生活得非常节制，每年购物的次数都能数得出来。有一次朋友们约好去他家聚会，大家看到他衣柜里就挂着几件衣服，都笑他说穷到一定地步了。他笑着说："是的，两年没买衣服了。"大家以为他是开玩笑的，没想到是真的。大家都很好奇他是怎么做到的，他说："每次买东西的时候，都会问自己是不是真的需要，是不是有经济能力，买回家是不是会用，问完这些问题后，才能购买。"在他们家逛一圈发现，他不仅衣服少，家具和物品也很少，给人非常干净舒服的感觉。

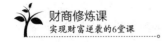

正确的消费观一定是我需要什么才买什么，我的经济能力可以承受什么才买什么，不是商家卖什么就买什么，更不是看到什么就买什么。

### （4）不要惧怕失去，因为那本身就不属于你

丹·艾瑞里在其著作《怪诞的行为学》一书中提到，我们生活中有一个很常见的现象，原来你没想过要买这件东西，但仅仅因为它是免费的，到最后，我们乐此不疲地买回了一大堆不需要的东西。针对这一现象，书中给出的说法是：多数交易都有有利的一面和不利的一面，但免费使我们忘了不利的一面，免费给我们造成了一种情绪冲动，让我们误以为免费的物品大大高于它真正的价值。这是因为人类本能地惧怕损失，免费带给人们真正的诱惑力是与这种恐惧心理联系在一起的。

如何克服这种恐惧心理？你要清楚地告诉自己"不要惧怕失去，那本身就不属于你"。例如，超市里经常会做各种促销活动，常见的有卖牛奶送杯子。也就是说杯子是免费的，不要钱，很多人觉得太赚了，平时买也不给杯子，于是他们果断买了六盒牛奶。回家发现自家冰箱里塞满了各种做促销活动买来的饮料、牛奶，最后也许会因吃不完而丢掉，得不偿失。

其实杯子本身就不属于你，是因为你给了钱才得到了它，这是一个等价交换的过程。你得到了杯子也意味着你失去了金钱。如果只是为了要一个免费的杯子而购买一堆自己不需要的牛奶，那么你就上了商家的当，你的钱没有发挥它应有的价值。这就是典型的错误消费观，

这种观念会让你家里堆满无用的物品。

消费是一个自由的行为，但是过度自由，很容易造成铺张浪费。这不但会给个人带来经济压力和生活负担，也会对自然环境造成一定的影响。所以，无论从个人角度考虑，还是从保护环境这一层面考虑，树立正确的消费观十分必要。

# 06 赚多少vs赚多久

大部分职场人士在工作中考虑最多的是，我一年能赚多少钱，能攒多少钱。最后他们会发现，努力工作很多年，依然无法摆脱贫穷。如何改变这一现象，实现财务自由，你其实只需要懂得一个道理：赚多少不重要，赚多久才重要。

从前有两座山，分别住着两个和尚，一个叫"无戒"，另一个叫"悟元"。山上没有水，无戒和悟元每天都必须从山上下来，到山底挑水喝。因为常常在挑水的时候遇见，二人成了非常好的朋友，并约定以后一起挑水。就这样，一起挑了五年水。

突然有一天，无戒没有按时下山挑水。等到第二天的时候，无戒还是没有下山挑水。悟元开始有点担心无戒，于是决定去无戒住

的地方看一看。当悟元走到山上的时候，竟发现无戒休闲地在树下乘凉。悟元不解地问："无戒，你这两天都没去挑水，你哪来的水喝？"无戒指着后院的水井说："这五年来，我都会利用空余的时间挖井。现在井挖好了，我就不用下山挑水了。"

悟元和尚一直依赖着到山下挑水喝，只考虑了当前的现状，没想过以后年纪大了怎么办，也没有想过山下的水干涸了怎么办，而无戒和尚考虑的不是当下，而是未来。于是他努力挖井，为自己提供源源不断的水，还能利用节省下来的时间去做自己喜欢的事情。大多数人目前的工作就是在"挑水"，只能获得暂时的收入。而想实现财务自由，"挑水"获得的暂时收入是远远不够的，你要努力为自己"挖井"，获得持续性的收入。

凡是不可持续的收入就不值得羡慕。有的人每个月收入都很高，但是一旦他停止工作，他就很难生活下去。而真正的有钱人，他即便不工作，也能凭借之前投资的股票、房产、基金等获得源源不断的收入。

其实，获得财务自由并非一件很难的事情，关键在于思维的转变。真正拥有财务思维的人，他们不在乎赚多少，更在乎赚多久。

那么，应该如何做才能获得持续性的收入、赚更久的钱呢？

## （1）将负债转变成资产

著名财商教育专家、理财的"金牌教练"罗伯特·T.清崎在其著作《富爸爸，穷爸爸》一书中提到，富人买入资产，穷人只有支出，中产阶级买入他们以为是资产的负债。

富人一般不会做自己能力范围外的事情，他们会将收入变为可不断再生产的资产。反之，穷人总是喜欢做自己能力范围外的事情。他们喜欢在一开始没有足够收入时，就购买超过自己收入的产品，最终只会导致自己负债不断增加。因此，他们必须不断努力工作，才能使自己的资产足够补偿自己的负债。

也就是说，穷人要变成富人，首先要把原本的负债变成资产。

### （2）将支出转换成投资

穷人总想着要如何省钱积累财富，而富人总想着要如何省钱去投资，用钱生钱。因此，穷人要学会节省，但是节省下来的钱，不要只会存在钱包里，要学会用这笔钱来做事，让这些钱能生出更多的钱。

### （3）想办法让自己获得持续性的收入

很多上班族，因为害怕收入不稳定或者一份工资无法缓解自己的经济压力，就会选择下班之后兼职。事实上，无论你选择打几份工，你都会发现，单单依靠工作的收入永远无法帮助你摆脱贫穷。

真正摆脱贫穷，实现财务自由，就要想尽办法让自己获得持续性的收入。一般可以采取以下几种方法。

第一种方法：改变家庭收入结构。

收入结构往往决定了一个家庭是富有还是贫穷。相关调查数据显示，大部分家庭收入的主要来源是工作，工资收入比例占总收入的90%以上，而剩下的不到10%来源于收租、投资获利等持续性收入。当然，并不是每个家庭都会有这些收入，有些家庭的收入仅仅依靠工作。

这样的家庭收入结构显然是难以实现财务自由的，因此如果要改变这种收入结构，就要想办法增加自己持续性的收入。要知道，那些已经实现财务自由的人，他们绝大多数的收入都来源于持续性收入。

第二种方法：确保家里至少有一个人可以创造持续性的收入。

通常情况下，家庭成员有两种：一种是家庭经济支柱，即家里的主要经济来源；另一种是花钱的人，即没有工作能力、需要被照顾的人。在这种情况下，一旦家庭经济支柱遇到问题，如被老板辞退或者生病等，就意味着整个家庭的收入来源被切断，一家人都要陷入贫穷的境地。

为了避免这种情况的发生，一个家庭中就必须要有一个人可以创造持续性的收入。

具有财务思维的人，都会利用闲暇的时间和闲置的金钱，为自己创造持续性的收入，而不是固守当前的财富，否则永远看不见未来的财务自由之路。

# 07 学会开发你的财务管理潜能

人人都是一座金矿山，每个人都有自身的潜能。何为潜能？潜能是指人本身具有的但是没有表现出来的能力。每个人都有与生俱来的潜能，如唱歌、书法、写作、舞蹈等方面，但是因为潜能的隐蔽性，很多人的潜能无法得到有效开发，以至于他们无法获得自己想要的成功。如何将这些潜能有效开发出来，是实现财务自由的关键。

英国著名物理学家和宇宙学家斯蒂芬·霍金在牛津大学攻读自然科学后就进入剑桥大学研究宇宙学，而这时他却被诊断患上了卢伽雷氏病。不久后，他就完全瘫痪了。1985 年，霍金又因为肺炎进行了穿气管手术，此后他再也不能说话，演讲和问答只能通过语音合成器来完成，看书也必须依赖一台可以自动翻页的机器。

绝大多数人可能都没有勇气面对这种困境，而霍金正是在这种令人难以置信的艰难环境中，不断坚持学习，不断突破自己，成为世界公认的引力物理科学巨人的。1988 年 4 月，霍金正式出版了宇宙科普著作《时间简史》。

当年医生诊断身患绝症的霍金只能活两年，然而他不仅活了更久，还取得了卓越的成就。他创造的生命奇迹和取得的成就，依靠的正是自己的潜能。

所以，开发潜能是人们创造财富的关键。那么，如何知道一个人是否具备财务管理潜能呢？

### （1）对自己高度自信

投资理财，心态最为关键。人们常说心态决定一切，在投资理财方面也是如此，只有高度自信且拥有良好的心态才能够获得成功。

在实现财务自由的道路上，很多人对自己的信任度不高，很容易被别人的意见左右，做出错误的决策，导致自己损失惨重。要知道，

没有任何一个人比你更懂你自己。你可以征询别人的意见，但最终你要根据自己的客观条件和可以承受的风险做出客观的决策。

只有具备高度自信的人，才能相信自己能够做出正确的决策，获得自己想要的财富。

### （2）具有坚定的意志

理财致富就像马拉松长跑一样，而非百米冲刺。但是大多数人都对理财只有三分钟的热度，把理财当成百米冲刺。

琳琳是某家公司的前台咨询，每个月的工资在2800元左右。有一次，她跟朋友抱怨说："最近真的太穷，'月光'都当不成了，要当'月负'了，有没有快速赚钱的方法。"她的朋友笑着回答说："一夜暴富的方法倒是没有，但是你可以攒点钱，选择适合自己的理财产品。我最近买了一个定期的理财产品，收益虽然不是很高，但是风险不大，而且可以控制自己不乱花钱，你可以试试。"琳琳听完后很开心，觉得收益低总比每个月花光好。于是她就下定决心省钱，购买了朋友同款理财产品。一个月后，她觉得收益太少，毅然选择放弃了理财，回归到了最初的"月光族"生活。

生活中像琳琳这样的人有很多，他们都希望自己短时间内拥有更多的财富，能够早日实现财务自由，过上自己想要的生活。但是获得财富只靠想是远远不够的，毕竟马拉松比赛靠的是耐力，唯有坚持才能胜利。

### （3）具有强烈的愿望

每个人都有理财致富的愿望，但是这种愿望能不能给你带来强大的动力，让你坚持下去，也是衡量你是否具备财务管理潜能的关键。

生活中大部分人对理财的态度是，赚到钱挺好的，赚不到就算了。这种人对理财致富的欲望并不强烈，就很难主动行动起来，因此他们也很难获得财富。

人的行为是受心理支配的。当我们对理财致富、财务自由有强烈的愿望时，我们就会去不断了解行业信息，咨询理财达人，了解相关产品，并坚持在这条道路上走下去，直到实现财务自由。

创造财富的能力不是某个人独有的，每个人都是一座金矿，关键在于你是否能找到自己采矿的工具——发挥自己的财务管理潜能。

一般来说，具备财务管理潜能的人都有以上几个特点。换句话说，如果你具备以上特点，你就具备了财务管理潜能。接下来你要做的就是不断投资自己，开发自己的潜能，让自己在财务自由的道路上越走越远。

## 08 为何高收入不等于财务自由

经常会有人提出这样的问题，"是不是实现财务自由的人，收入都很高"或者"是不是收入很高就意味着实现了财务自由"。其实在实际

生活中，我们会发现高收入并不意味着财务自由，财务自由的人也并非收入很高。

下面我们看一个案例。

小梦是一家广告公司的高级策划，年薪是 20 万元。20 万元的年薪，对于一个在二线城市的职场人来说是一笔可观的收入。身边很多人都认为小梦已经实现了财务自由，但是小梦却过得很拮据。小梦每个月的房贷是 5000 元、车贷 3000 元，小孩才 1 岁半，一家三口每个月的生活费在 5000 元左右。家里的收入主要来源于小梦的工资，这样算下来，加上其他开销，小梦一个月 16000 元左右的收入几乎全花光了。

很显然，高收入不等于财务自由。

那么，财务自由有哪些标准？

### （1）被动收入等于或者超过你的日常开支

收入一般分为两种：主动收入和被动收入。主动收入，也叫劳动性收入，是指通过劳动换取的报酬。一旦没有劳动，就无法获得收入，比如工资就属于主动收入；而被动收入，也叫资产性收入，是指由现有资产带来的收益，这部分收益不需要付出额外劳动就可以获得，如收取租金、投资获利等。

主动收入是指通过劳动获得的收入，这部分收入不可持续，一旦这份工作出现状况，你将立即陷入贫穷的境地。但是如果你有很高的被动收入，你不工作也能维持自己的生活，只有这样才是真正地实现了财务自由。

公式：

$$财富自由指数 = 被动收入 / 日常开支 \times 100\%$$

财富自由指数能够大于或者等于1，就意味着我们实现了财富自由。可见，财务自由的关键不是你每个月能赚多少钱，而是你的被动收入有多少以及被动收入的来源有多少。

### （2）无须为生存而努力

自由意味着不被约束，能做自己想做的事情。而高主动收入意味着你必须为自己的工作不断努力，甚至要比别人付出更多的努力，才能获得这份报酬。这就不是真正意义上的财务自由。

真正意义上的财务自由，是不必为钱而工作。

为了让大家更清楚地了解高主动收入不等于财务自由，我们再来看一个案例。

章文和李利是一对刚毕业的情侣，两人租住在一套一室一厅的房子里。因为刚毕业工资不高，两人过得极为拮据。两年后，章文厌恶了当前的生活状态，于是双方父母凑钱在当地全款给他俩买了一套两室一厅的房子，然后简单装修后将房子租了出去，每个月的租金是3500元。他们自己则继续租房子住，每个月房租1200元，吃饭等基本花销在2000元左右。这时候他们就获得了一定的被动收入，也就是说两个人已经实现了财务自由。

很多人会说，不是所有的父母都有钱能够全款买房。当然，我这

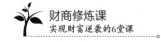

里要说的并非是有一个好的家境才能实现财务自由。这里想说的是他们收入来源不一样，导致他们最终的生活状态不一样。

上一个案例中，小梦收入很高，但所有的钱都来源于她的工作收入。如果公司倒闭或者裁员，她就没有了收入。没有被动收入，她将永远实现不了财务自由，永远都要为生存这个难题而烦恼。反观这对小情侣，他们有了属于自己的不动产，有了源源不断的被动收入——房租，即使他们不去工作，也基本不用担心生存的问题，这才是真正意义上的财务自由。

### （3）具有理财思维

将高收入作为目标的人，他们的目的只有一个，就是通过自己的不断努力获得更多的报酬。但是具备财务思维、希望实现财务自由的人，他们并不关注目前能赚多少钱，他们更关注的是被动收入的来源有哪些，以及能获得多少被动收入。

二者之间最大的不同并非收入的高低，而是观念的不同。所以，即便你现在月入十万元，年入百万元，你也未必实现了财务自由。因为你已经被自己的思维局限住了，你永远在思考一个月赚十万元，一年能赚多少。而财务自由是指，当你一个月赚十万元的时候，你能拿出多少钱来投资，增加自己的被动收入，扩大自己被动收入的来源，直到被动收入超过主动收入。

如果你的高收入都来源于你的工资，那么这是一件很危险的事情，因为你不可能一直年轻，一直打工。而如果你每月的被动收入就能够支撑得起自己的生活，那么你就不必为生存而烦恼，你就可以用更多的时间和金钱去做自己想做的事情，这才是真正意义上的财务自由。

所以，不要再误以为高收入等于财务自由，你该转变财务思维，认识财务自由真正的含义！

# 09 用个人净值来衡量财务状况

个人财务状况的好坏有时候不仅直接影响自己的生活质量和未来的发展，还会给自己的家庭生活质量造成一定的影响。对于自己的财务状况，人们最常说的是"最近很穷""没有钱""日子还行""过得去"。也就是说，他们并不清楚自己的财务状况究竟是什么样。

然而，要致富首先就必须要清楚自己的财务状况。这里介绍一个很简单的方法给大家——计算一下个人资产净值。个人资产净值是指你所有的资产减去你所有的债务后的部分。如果你的净值为正值，那么说明你的财务状况很好；如果你的净值为负值，那么说明你的财务状况不好，你需要努力赚钱了。

作为个人，具体要如何使用个人资产净值这一指标来衡量自己的财务状况呢？

### （1）准备两张表格：收支表和资产负债表

第一张表格：收支表

要清楚自己的资产净值首先必须要清楚自己的收支情况。

收支表反映的是一段时间的收支情况，可以从这个表格中看出你收入多少钱、支出多少钱、结余多少钱。该表格的时间可以根据自己的需求设定，如一个星期、一个月，或者半年。

参考表1：

#### 表1　收支表

| 收入 | | 支出 | |
|---|---|---|---|
| 主动收入 | 工资收入 | 房租 | |
| | 绩效奖金收入 | 餐饮 | |
| | 兼职收入 | 娱乐 | |
| 被动收入 | 利息所得 | 购物 | |
| | 房租收入 | 交通 | |
| | 基金收入 | 水电费 | |
| | 其他 | 其他 | |
| 收入合计： | | 支出合计： | |
| 每月结余： | | | |

如果大家有每日记账的习惯，那么在填写这张表格的时候就会非常容易。所以，在此建议大家，要养成平日记账的好习惯，清楚地知道自己每一笔的消费和收入。

在这张表格中，用总收入减去总支出就是这段时间的结余。

公式：

结余比率 = 月（年）结余 / 月（年）收入 × 100%

该比率可以反映出大家储蓄的意识够不够高。例如，"月光族"的结余比率是 0，每个月赚多少花多少。一般来说，该比率为 30% 为宜。如果想要提高收入，得到更多的资产，就必须提高结余比率，也就是说要培养自己储蓄的意识。

第二张表格：资产负债表

资产负债反映的是你在一定时间内的资产负债情况，即你手里现在还有多少资产，有哪些负债没有偿还，还完负债还剩多少资产。

参考表 2：

表 2　资产负债表

| 资产 | | | 负债 | |
|---|---|---|---|---|
| 类别 | 项目 | 现值（金额） | 房贷 | |
| 固定资产 | 房产（自住） | | 车贷 | |
| | 房产（投资） | | 信用卡欠款 | |
| | 私家车 | | 亲朋好友欠款 | |
| | 收藏品 | | 其他贷款 | |
| | 其他 | | | |
| 现金及现金等价物 | 现金 | | | |
| | 货币基金 | | | |
| | 银行活期及定期 | | | |
| 金融资产 | 基本 | | | |
| | 债券 | | | |

续表

| 资产 | | | 负债 | |
|---|---|---|---|---|
| 类别 | 项目 | 现值（金额） | 房贷 | |
| 金融资产 | 股票 | | | |
| | 其他投资品 | | | |
| 其他资产 | 外借资金 | | | |
| 资产合计： | | | 负债合计： | |
| 资产净值： | | | | |

### （2）借助其他指标衡量自己的财务健康度

当我们通过资产负债表梳理清楚自己的财务状况后，还需要清楚几个问题，并借助一些指标来衡量我们的财务健康度，以确保我们能找到合适的理财方式，更快实现财务自由。

第一个问题：你的资金是否有足够的流动性？

流动性资产就是可以快速变现的资金，通常指现金、活期存款等。

公式：

$$流动性比率 = 流动性资产 / 每月总支出$$

该指标反映的是支出能力的强弱，一般参考值为3~6。数值小于3，说明流动性资金储备不足，需要适当补充应急资金。而如果高出参考值太多，说明资金的利用率不高，一旦出现通货膨胀的情况，就会难以抵抗。

生活中难免会出现一些意外或突发情况，而流动资金能提升我们应急、对抗风险的能力。也就是说，我们需要为自己准备3~6个月的生活费作为应急储备金。这样一来，就算出现紧急情况，也可以很轻松地应对。

第二个问题：你偿还债务的能力如何？

在实际的生活中，每个人由于各种各样的原因，或多或少会有一些债务，例如房贷、车贷。通过评估一个人偿还债务能力的高低，也能衡量一个人的财务状况。

衡量偿还债务的能力，可以参考以下两个公式：

公式一：

$$负债比率 = 负债总额 / 总资产 \times 100\%$$

该比率是反映综合偿债能力的指标之一。一般来说，负债比率要控制在 50% 以下，在 30%~40% 为宜。

公式二：

$$清偿比率 = 资产净值（或称净资产）/ 总资产 \times 100\%$$

该比率是用来衡量是否有足够的能力来偿还债务。数值越大，表示抗风险能力越强。一般来说，清偿比率在 60%~70% 为宜。

负债比率和清偿比率二者之间是互补关系，如果负债比率比较高，清偿比率就比较低，就表示债务过多，家庭财务容易出现危机。

第三个问题：资产的增值能力如何？

资产增值能力是指通过投资让资金得到充分的利用，实现财富的保值增值。

公式：

$$投资比率 = 投资资产 / 净资产 \times 100\%$$

该比率衡量的是财富的成长能力。一般来说，比率控制在 50% 左

右比较合适，数值过高不利于财务安全，毕竟投资伴随着很大的风险，数值过低则收益较低，要加强投资意识。

　　当大家能够通过个人净值清楚地了解自己的财务状况，并且通过一些其他指标知道自己的财务健康度后，就可以明确自己的财务问题，进而可以找到针对性的解决方法，解决财务问题，获得更多的财富。

第3章

# 财商第3课：不要吝啬于投资你自己

有远见的人都是懂得投资自己的人。花越多的时间和精力投资自己，以后就能越早获得更多的收益。而所谓的投资自己，就是要不断学习，不断努力，发展自己的强项，用有限的资源去实现远大的财富梦想。

# 01 学习力决定你的未来

美国投资家沃伦·巴菲特的黄金搭档查理·芒格曾说："我不断地看到有些人在生活中越过越好，他们不是最聪明的，甚至不是最勤奋的，但是他们是学习机器。"而查理·芒格之所以能成为"股神之父"巴菲特的黄金搭档，正是因为他强大的学习力。

很多人认为查理·芒格之所以能取得这样的成就，是因为他每天都花很多时间在工作上。事实上，他成功的关键不在于他花费很多时间在工作上，而是他懂得将更多的时间和精力放在学习更多的知识、投资自己上。查理·芒格不仅会阅读经济学相关的书籍，还会涉猎法律、数学、心理学、工程学等相关书籍，并会将所学知识应用到投资领域中。

对于查理·芒格的学习力，微软公司董事长比尔·盖茨曾这样称赞："他真是我见过的涉猎最广泛的思想家。从商业原理、经济原理、学生宿舍设计到双体船设计，他都无所不知。我们时间最长的一次交流，是关于裸鼹鼠的交配习惯，以及人类能够从中学到什么。"

所以说，查理·芒格的成功，很大程度上归功于他超强的学习力。那么，要如何提高自己的学习力，创造自己的未来？

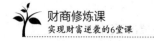
### （1）培养自己的学习意识，认识到学习的重要性

很多人出了校门后，对"学习"这一概念的认识就会变得越来越淡薄。他们认为自己已经掌握了足够的知识，或者认为自己忙着工作没有闲暇时间学习。但是，社会在不断发展、不断进步，现有的知识永远无法满足未来的需求。

谈到学习意识和学习能力不得不提到一个人——著名央视主持人张泉灵。

> 正值事业高峰期的时候，张泉灵却辞去了央视主持人的工作，去做了天使投资人。为什么会突然作出这样的选择呢？张泉灵的回答是因为一场病。2015年年初，她经常咳血，去看医生的时候，医生怀疑她得了肺癌。在经过检查排除是肺癌后，张泉灵开始认真思考自己的人生。张泉灵心想："如果，人生停在这里，我并不遗憾。但是如果还有时间，我还想做点其他事情。"
>
> 于是在得知没得肺癌之后，她选择辞去主持人的工作，转做天使投资人。面对这样的人生转变，张泉灵说："如果我不够好奇和好学，我会像一只蚂蚁被压在过去的一页里，似乎看见的还是那样的天和地，那些字。而真的世界和你无关。"

对于张泉灵的身份的转变很多人感叹的是：她为何到中年了还能转行到一个自己完全陌生的领域。其实，对于投资领域张泉灵并不陌生，因为私下有空，她依然会努力学习各方面的知识。她的好朋友、《罗辑思维》的创始人罗振宇曾夸她是他见过的知识最驳杂的人。所以说，张泉灵成功的转变得益于她的学习意识和学习能力。

### （2）"刻意练习"，掌握更多的知识

不是每个人都对学习感兴趣，也不是每个人都有很强的学习能力，但是如果你想实现财务自由，想要成为财商精英，你就必须培养自己"刻意练习"的意识，提升自己的学习能力，让自己能够掌握更多的知识。

首次提出"刻意练习"这个概念的是佛罗里达州立大学心理学家安德斯·艾利克森（ K. Anders Ericsson）。研究发现，不论在什么行业或领域，提高技能与能力的最有效方法都遵循一系列普遍原则，他将其命名为"刻意练习"。这是每个行业的人士想要提高自己能力的黄金标准，是迄今发现的最伟大的学习方法之一。

"刻意练习"不是盲目强迫，而是有规律地开发自己的大脑，培养自己的学习能力。因此，要注意以下几点：

第一点：有目的地练习。一旦某个人的表现达到了"可接受"的水平，并且可以做到模式化、自动化，那么再多的练习也是没有任何意义的。因此，"刻意练习"要求学习要有目的性，即要有目标和方向。当学习目的明确后，你自然会带着脑子去思考要如何才能做得更好。而无目的地学习，只是机械性重复一个动作，根本不会取得任何进步。

第二点：走出大脑"舒适区"。面对的挑战越大，大脑的变化就越大，学习的效率就越高。因此，学习时，要学会走出大脑的"舒适区"，不断接受新的挑战。只有不断改变下去，你才能学到更多的知识，走得更高，看得更远。

第三点：创建心理表征。作者安德斯·艾利克森和罗伯特·普尔在其合作的著作《刻意练习》中对"心理表征"的解释为：心理表征

是一种与我们大脑正在思考的某个物体、某个观点、某些信息或者其他任何事物相对应的心理结构，或具体或抽象。举个例子，说到作家海明威，你就会联想到他的作品《老人与海》。这其实就是你创建的心理表征。心理表征越详细，你对这一形象的印象就会越深刻。而刻意练习，就要学会创造心理表征，将难以置信的记忆、规律、问题等复杂知识都记录到脑海中，这也是"刻意练习"的主要目的。

第四点：自觉改正和反馈。"刻意练习"要求做到经常总结自己学习的知识，进行自我反馈。如果学习效率不高，要反思其中存在的问题并及时改正。

安德斯·艾利克森认为，天才之所以为天才，并非因为"天赋"，而是因为后天的"正确练习"。换句话说，成为天才，通过自己的能力为自己创造更多的财富，需要的是后天的努力学习。

### （3）拓展领域，成为"通才"

很多人想致富，一心只专注于理财产品、经济学理论。但是事实告诉我们，要致富仅仅掌握本领域的知识是远远不够的。知识是融会贯通的，你必须拓展自己的领域，成为"通才"。只有成为"通才"，你才能更好地应对风险和危机，把握更多的机会。

# 02 投资自己永远不会亏本

通过上班赚取基本的工资实现财务自由是一件很困难的事情，于是越来越多的人会选择投资。但是他们担心风险，害怕自己会吃亏。其实，"好投资"未必只在商界，人生永远不会亏本的生意就是投资你自己。

何为"投资自己"？投资自己是指不遗余力地投入自己的时间、金钱，用以提升自己的能力。只有不断让自己升值，才有能力创造更大的价值。

有人曾问过《罗辑思维》的创始人罗振宇一个问题：如果给你很多钱，但是只能用来消费，你会怎么花费这笔钱？罗振宇说，面对这个问题，他的第一反应是买一个舒服的沙发躺着。但是他想了想，觉得买沙发花不了多少钱。如果真的很多钱的话，他愿意花钱将全世界各个领域的精英都聚到一起，为自己上一堂精彩的课程，让自己知道更多的知识和技能。

对于罗振宇的回答，人们拍手叫好。不得不说，罗振宇是一个非常有经济头脑的人。所以说，想创造财富，最重要的事不是纠结于当下有多少钱、能做多少事情，而是要学会用自己现有的资源，让自己

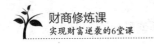
活得越来越有价值。

用一句话概括就是：成长比成功更重要，投资自己比投资任何理财产品更重要。民国才女吕碧城就用自己的行动诠释了这句话。

> 民国第一才女吕碧城是一个非常懂得自我投资的人。她21岁的时候就成为中国新闻史上第一位女编辑，23岁成为中国第一位女校长，29岁成为总统秘书。但最后她还是辞去了人们羡慕的工作，进军商界。大多数人都认为她因为天生具备优越的条件才能取得成功，但实际上除了得益于优越的先天条件外，还因为她会自我投资。
>
> 为了学习更多的知识，提升自己的见识，她自费到美国哥伦比亚大学攻读文学、美术，进修英语。此外，她还进行了一次环球旅行，周游意大利、法国、德国、奥地利等国家，并将自己在旅途中的所见所闻写成了《欧美漫游录》，连载在报纸杂志上。

所以，真正具备财务思维，能够通过自己的努力致富的人，他们最懂得如何投资自己。

那么，要如何投资自己，不断提升自己的价值？

### （1）将时间价值最大化，把时间用在对的事情上

在互联网时代，获取知识和信息并不是一件困难的事情，任何人都能以最低的成本获得最优质的学习资源，最大限度地突破自己和提升自己。

但是大部分的人都在通过互联网玩游戏、刷微信朋友圈、逛微博。

有人曾做过统计，年轻人每天大概会刷一百条微博或者朋友圈，看上去并不多，但累积起来一个月里就能看三十万字左右。而老子的《道德经》是五千字、黑格尔的《小逻辑》是三十万字、卡夫卡的《变形记》是三万字。

如果能把时间花在对的事情上，你将获得你无法想象的知识。所以投资自己，最关键的是要学会做好时间管理，不能让自己迷失在信息大爆炸的时代，而是要用有限的时间获得更大价值的信息和知识，不断提升自己。

一般来说，在互联网时代，获取知识的方式有两种：

第一种：通过免费学习知识。很多优秀的网站会公开一些信息，我们可以根据自己的需求，找寻相关的网站进行学习。

第二种：通过付费学习知识。随着知识经济的不断发展，付费知识开始兴起。其实付费并非一件坏事，很多人对于免费知识并不会认真学习，认为免费的，什么时候都可以学。但是，如果是收费的，他们会觉得不学习就亏了，于是会认真学习。此外，一些付费知识确实大有裨益，大家可以根据自己的需求选择。

### （2）选择多种方式投资自己

投资自己的方式有很多种，读书是最简单、成本最低的自我投资方式，但不是唯一的。一般来说，投资自己的方式还有以下几种：

第一种：健身。身体是革命的本钱，只有有一个强健的体魄，我们才能更好地创造财富。所以，在工作和学习之余，我们每天至少要空出一小时的时间运动。

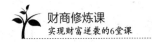
第二种：旅游。有句话说"读万卷书，行万里路"。如果时间和经济条件允许，我们可以去不同的地方看一看，提高自己对事物的认识。

第三种：参加读书会或其他活动。我们可以参加一些读书活动或者名家的演说，可以听听他人的想法，借鉴他人的成功经验。

当然，投资自己的方式远不止这些，还需要我们在生活中不断去发现，不断去寻找更适合自己的方式。

### （3）积极投入，不要只是喊口号

当你明确了要进行自我投资后，就要赶紧行动起来，而不是在那里喊口号。

生活中不乏这样的人，他们想通过读书提升自己，于是在网店打折的时候，购买了一大堆书籍。一个月后、一年后……这些书甚至都没有被拆封。这种只有想法，没有行动的自我投资是没有意义的。

实现财务自由、成为高财商的精英人士的关键是要保持不断成长。不论你当下有多少金钱和成就，你都要不断地投资自己，不断地修炼，挖掘出更有价值的自己。投资自己是一件永远不会亏损的事情。

# 03 找到适合你的财务教练

周星驰的电影《功夫》中，包租婆有一句这样的台词：要成为绝世高手，并非一朝一夕，除非是天生武学奇才。但是这种人……万中无一。同样的道理，没有人天生就懂得如何理财如何致富，任何人都要通过后天的努力学习。

学习可以分为两种：一种是自学，一种是跟他人学习。对于"理财小白"来说，自我学习有一定的局限性，有些难点是很难自己理解透彻的。而如果能够找到一个财务教练，那将会事半功倍。

很多人会说，自己理财的时候找了很多人咨询，但是最后发现自己在理财的道路上不但没有越走越远，反而越走越偏。投资理财跟找对象是一样的，世界上不存在完美的理财产品和完美的理财高手，只有最合适你的。

为了让大家明白这个道理，我们可以看一个小故事。

一个年轻人突然很疑惑地问他的爷爷："爷爷，你说我人生最大的价值是什么？"爷爷回答说："你去路边捡一块木头，第一天你拿到菜市场去卖，假如有人问你价格，你不要说话，只伸出两

个手指头就可以，不管别人出多少钱你都不要卖。第二天，你再把这块木头搬到博物馆，假如有人问你价格，你还是一样不说话，依然伸出两个手指头。第三天，你再把这块木头搬到古董店去卖，有人问你价格你依然不要说话，同样伸出两个手指头。第四天你再来找我。"

第一天，年轻人把木头搬到菜市场门口，有一位妇女走过来问他："请问这块木头怎么卖？"年轻人没有说话只伸出了两根手指，这位妇人说："2元钱吗？正好，我家里缺一块这样的木头。"但是年轻人没有将木头卖给她。

第二天，年轻人带着木头来到博物馆门口，有人问他："这块木头怎么卖？"年轻人没有说话，向他伸出了两根手指，那个人说："20元吗？"年轻人还是没有说话，那个人按捺不住说："行吧行吧，200元就200元吧，这个木头的形状像雕塑一样，的确很好看。"年轻人依然没有卖。

等到第三天，年轻人将木头搬到了古董店。古董店内的客人看见了木头就开始问他："你这块木头是从哪里出土的，什么价格啊？"年轻人还是不说话，只伸出两根手指。客人问他说："2000元吗？"年轻人听了大吃一惊地"啊"了一声。这位客人以为自己出价太低，立马改口说："不，我的意思是20000元。"

第四天，年轻人带着木头去找爷爷："爷爷，这几天我都按照你教我的去做了，我万万没想到，这一块不值钱的木头却能在不同的地方卖出不同的价格，从2元到20000元。"

爷爷笑着说："所以你的价值就像这块木头一样，放在不同的地方就会产生不同的价值。"

木头放在不同的地方能够产生不一样的价值，理财也是如此，如果找到适合自己的教练，就能够给自己带来很多好处。

### （1）合适的教练，本身就是一种影响力

一个人要想获得财富，就要找一个合适的教练。合适的教练本身就是一种影响力。当你看到有人能够通过自己的努力和坚持获得源源不断的财富后，你便会以他为目标，跟他学习，不知不觉你也会成为像他一样的成功人士。

### （2）合适的教练会给你提供针对性的帮助

为什么很多人去听财商课、去咨询财务大神，最终还是没有获取自己期望的财富。因为，他们给你提供的这些方法并不具有针对性。投资理财需要"对症下药"。

去过健身房的人都知道，如果想要练出很完美的身材，单单靠自己跑跑步、做做深蹲是很难实现的。于是，很多人去健身房会选择一个合适的教练。教练不会一开始就给你制订详细的健身计划，他会先对你进行体测，看看你身体大致的情况，然后会让你做一些简单的动作，测试你的运动能力。对你有一个大概的了解后，会针对你的特点，打造针对性的健身计划。这样做往往能取得事半功倍的效果。

同样，合适的理财教练会给你提供针对性的帮助。当理财教练对你有一个全面的了解后，他会根据你的偏好和风险承受能力，引导你

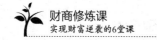
自己主动思考要选择哪种理财产品或者理财方式。换句话说，他们不会把自己的想法强加给你，只会引导你选择最适合自己的理财方式。所以说，只有找到合适的教练，找到适合自己的理财方式，找准自己的方向，才能更快走上致富之路。

合适的教练犹如人生的指南针，能够在你最迷茫的时候帮你找到人生的方向，在你失落的时候，给你莫大的勇气和力量，支持你继续走下去。对于个人来说，一个合适的财务教练，好比成功的"助推剂"，能够帮助你发掘自身的财务管理潜能，实现自己的财富梦想。

# 04 投资发展你的强项

每个人都有自己的强项。大多数时候，我们之所以感觉不到动力，正是因为我们的强项没有得以发挥。但是在实际生活中，大多数人都在花时间和金钱弥补自己的短板，而忽略自己的强项。这是典型的对"木桶原理"的误读。事实上，我们会发现很多短板是无法通过自己的努力弥补的，但是我们完全可以把自己的强项发挥到极致，以此来打造自己的核心竞争力。

我认识一位朋友，大学学的是法律专业。毕业后在一家律师事务所上班，表面看上去光鲜亮丽，但是实际上工作并没有那么顺利。他一直没有通过司法考试，在律师事务所干了两年，还是跟个实习生一样，只能负责整理资料，算不上正式律师。

有一次在上海参加一个活动时刚好遇见他，他说他是来参加司法考试的培训班的。晚上我们一起吃了个饭，他说他已经辞了工作，要在辅导班上四个月的辅导课。也就是说，在这四个月内，他全日制学习，不仅没有收入还要自己租房，要自己承担巨额的辅导费用。在上海四个月的花费，加上因辞职而失去的四个月的工资，损失将近十万元。

说到这里，他一边喝酒一边苦笑着说："现在压力挺大的，但是怨不得别人。当初上大学的时候，无论是时间还是精力都是充足的。我完全可以花更多的时间投资自己，努力通过司法考试，而不是玩游戏。现在对我来说，可怕的不是金钱成本，而是时间成本。在这个节奏如此快的城市，我花四个月的时间来准备我的司法考试，是一件需要勇气的事情，但也是最好的选择。如果我不这么做，我就没有什么生存能力，只能做一个打杂的，难以在上海生存下去。"

投资最好的方式是投资自己，而投资自己最能给自己带来益处的无疑是投资自己的强项，增加自己的"砝码"，以此获得更高的报酬。

## （1）发掘并了解自己的强项

发展自己强项的前提是要发掘自己的强项。

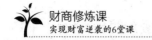

　　我有一个朋友，本科在一个普通二本上的，研究生考到了中央美院。他的父亲是个画家，专门画国画。小时候父亲画画的时候，他就喜欢在旁边拿起画笔乱涂。父亲看到他对画画感兴趣，于是就开始不断培养他，提升他的绘画技能。

　　研究生选专业的时候，大家都认为他一定会选择国画专业，但是没想到他选择了设计专业。为此，他跟自己的父亲大吵了一架。他自己认为自己比较喜欢设计，选择设计才比较好。但是他的父亲跟他说，你以后要是找不到工作，至少你能依靠你的强项来养活自己。

　　胳膊拧不过大腿，朋友最终还是听了父亲的话，选择了国画专业。毕业后，他在北京开了一间工作室。前段时间，已经开始筹备自己的画展了。现在一幅画不说几十万元，几万元完全没有问题，可以说已经实现了很多人理想中的财务自由。

　　朋友后来感叹说，以前总觉得兴趣才是持久的动力，但是现在觉得持久的动力来自自己的强项给自己带来的成就感。所以，现在很感谢我父亲，不然我可能要饿死在北京。

　　所以，最好的投资就是投资自己的强项，它是你生存的武器。那么，如何才能发掘并发展自己的强项？

　　一方面，可以通过自己在工作或生活中的表现来判断。例如，某人在跟客户沟通的时候对答如流，很容易达成成交，那么这个人的沟通能力就比较强。

　　另一方面，可以听听他人的意见。"当局者迷，旁观者清"，我们可以询问身边朋友或者长辈、上司、老师等对自己的评价，然后结合自己对自己的了解，来判断自己在哪些方面具备一定的优势。

### （2）在你的强项上投入更多的资源

一般来说，人的资源可以分为三种：时间资源、财务资源和脑力资源。因此，我们需要将这些资源投入到自己的强项上，发展自己的强项。

首先是时间资源。经济学中有个概念叫"时间成本"，指一定量资金在不同时点上的价值量产差额。例如，现在的 10 元钱跟 20 年前的 10 元钱价值肯定不一样，20 年前的 10 元钱显然价值更大。时间成本这一概念不仅指时间流逝造成的价值损失，还指在等待时间内造成的市场机会的丢失。换句话说，如果我们没有将时间花在投资自己的强项上，我们将失去很多"市场机会"。所以，要学会控制时间成本，合理利用时间资源。

其次是财务资源。有些强项不仅花时间，还需要花费一定的金钱。例如，摄影，一个镜头就需要上万元。如果你的强项是摄影，那么你就要节省在其他方面不必要的开销，将更多的财务资源投入到你的强项中。

最后是脑力资源。脑力资源其实就是思考问题的能力，一个人的能力都是有限的，用脑过度也会导致思维短路、精神疲劳。因此，为了使自己有足够的精力钻研自己的强项，在其他事情上就不能消耗太多。换句话说，要懂得劳逸结合，将最大的精力投入到自己的强项中。

人们以前最向往的职业是教师、医生，他们认为这是"铁饭碗"。

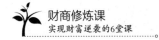

现如今，经济快速发展，市场瞬息万变，真正意义上的"铁饭碗"不再是某个职位，而是某个强项。当你用自己的资源不断发展自己的强项后，你将成为行业的佼佼者，也就是说没有人能取代你的位置。你无论在哪个城市、哪个单位，都能找到自己的一席之地。这时候，你才是赢家，才能通过自己的强项获得更多的财富。

# 05 保持学习，不断成长

古代有句话说"学贵有恒"，意思是学习可贵的是要有坚持不懈的恒心。保持学习，并且不断成长，既是一种学习精神，也是一条学习规律。

但是现实生活中，人们的心总是很浮躁。他们总想着要一夜暴富，要通过某种方式牟取暴利，获得财务自由。显然，这种想法是不正确的。纵观世界上的成功人士，他们一定是保持学习、不断成长的人。

《环球人物》曾对著名主持人董卿做过一个专访，视频中董卿聊到了自己的阅读心得。她说自己每天都会在睡觉前阅读一小时，几乎雷打不动。很多人问她能不能坚持，她说这件事情已经无所谓坚不坚持，因为阅读已经变成了自己生活的一部分。她的卧室里没有电视机、手机等电子产品。她喜欢安安静静地看一小时的书，然后睡觉。正是因为董卿保持学习、不断成长，才能够在舞台上更好地绽放自己的光芒。

所以，保持学习，不断成长才能确保自己的能力不断提升，确保自己的知识和信息跟得上时代的发展，才能够在瞬息万变的市场环境中占据自己的一席之地，获得致富的机会。

那么，要如何保持学习，并不断成长？

### （1）学无止境：投入更多的时间和精力学习知识、获取信息

学习是没有止境的。

时代在不断进步，社会在不断发展，你当下拥有的知识未必能满足你将来的需求。人不可能永远活在过去，实现财务自由也不是过去的事，而是未来的事情。因此，我们需要保持学习，学习更多的知识，获取更多的信息，以把握更多的机会。

2017年5月6日，87岁的巴菲特和他的合伙人——93岁的查理·芒格参加了在美国奥马哈市举行的巴菲特股东大会。很多人都认为，"股神"巴菲特就是财务自由的典型代表。根据一般人的理解，实现财务自由的巴菲特应该不会因为财富而担忧。但是，巴菲特却从未停止学习，依然参加各种各样的会议来增长自己的知识。

股东大会上，巴菲特在回答股东问题的时候笑着说："世界的变化总是千奇百怪的，在慢慢学习的过程中或许会发现自己犯了

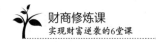

错，之前学习的知识可能并不是正确的，因此必须适应新的观点，当然这个过程很艰难。我觉得美国所发生的一切都是非常有意思的，包括政治等诸多方面，整个世界不断向我展开一幅画卷，并且节奏很快。而我能够不断学习且享受其中，至于接下来会发生什么，我并没有特别的见解。"

此外，在HBO电视网拍摄的关于巴菲特的纪录片《成为沃伦·巴菲特》中，巴菲特也提到，自己比大部分孩子读的书都多，并且自己从小就开始阅读各方面的书籍。直到现在自己也依然保持阅读的习惯，每天仍然会抽空读书、看报纸。

所以说，任何人都有学习的必要，没有例外。越是成功的人，越要保持学习。巴菲特曾说，每个人终其一生，只需要专注做好一件事就可以了。而巴菲特确实身体力行地做到了，一生都致力于学习，致力于研究投资。这种人的成功不是偶然的，而是必然的。

### （2）突破自己：走出舒适区，不断成长

大多数人对自己的态度是"得过且过"，他们喜欢待在舒适区。这种人永远无法突破自己，无法成长，更谈不上获得财务自由。

以前上班的时候，认识一个朋友。他是本地人，从小在城市长大，习惯了"养尊处优"的日子。当时他在我们单位负责行政工作，每个月的收入在3000元左右。我们公司比较小，其实行政算是一个闲岗。年末的时候，老板在会议上说："希望大家努力工作，公司可不会花钱养闲人。"听了老板这么说之后，他认为老板说的"闲

人"指的就是他。

为了不让他想太多，我安慰他说："如果真的是这样，我觉得离开对你来说也未必是件坏事。你自己的工作能力不差，出去找工作不难找，说不定外面的平台更适合你，工资更高呢？"他连连摇摇头说："我在这边已经工作三年了，已经习惯了这里的环境。我不想出去找工作，我每天这样挺好的。如果不行的话，工资降到2000元我也愿意。"

老板没有降低他的薪酬，五年过去了，他依然是一个拿着3000元工资的行政人员。他以前一直梦想着能够实现财务自由，现在他在舒适区待久了，已经没有什么奢求，只求工作能一直稳妥地做下去。

一个不懂得突破自己，永远待在舒适区的人，他们的动力就已经静止了。但外面的世界是不断变化的，应对外界变化最好的方式就是突破自己。换句话说，就是要走出舒适区，不断成长，只有让自己拥有更多的知识和技能，才能掌握更多的主动选择权。

第4章

# 财商第4课：提升创造财富的能力

智库资本 CEO（首席执行官）马珏曾说："创造财富的能力比财富本身更重要。"你拥有了财富并不意味着这永远都是属于你的，但是当你拥有了创造财富的能力时，你可以为自己创造源源不断的财富，从而实现自己财务自由的梦想。

# 01 找一份你真正热爱的工作

你为什么会选择当下这份工作？

大多数70后、80后的员工给出的答案是"为了生存""为了养活自己""为了赚孩子的奶粉钱""为了买自己喜欢的化妆品"……归根结底，工作只是为了钱。于是，传统的招聘会把薪资放在第一位，认为这是吸引人才的法宝。但是我们会发现，如果工作只是为了钱，而不是因为热爱工作，那么员工在工作的时候效率就非常低，没有动力和积极性。

美国苹果公司联合创始人史蒂夫·乔布斯曾在斯坦福大学的演讲中，向大学生强调要做自己热爱的事情。英国德勤有限公司曾对员工的工作状态做过相关调查，调查结果显示，30%的受访员工称他们不满意现在的工作。这种不开心，会大大降低员工的工作效率。

然而，随着时代的发展，95后的择业观发生了巨大的变化，他们不再注重薪酬，他们选择一份工作首先会考虑的是，工作是不是跟自己所热爱的事情匹配，是不是自己的兴趣所在，是不是自己擅长的事情。

为什么这些职场新人会如此看重自己所热爱的事情？

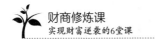

当你把工作仅仅当成一个赚钱的工具时，你就会不停地抱怨"工资低""老板抠门""制度太严格""没有一点人情味"……负面情绪会不断滋长，最后必定会严重干扰你的工作热情。

我以前认识一个朋友，她的性格很活泼，到哪里都混得开。大家都觉得她这样性格好、能力强的人一定会找到一份很好的工作。但是事情不尽如人意，朋友中对工作抱怨最多的就是她。

毕业的时候，她面试好几家公司，要不是人家没看上她，就是她看不上人家。最后，迫于经济的压力只能随便选择一家公司。她表示自己对这份工作十分不满意，只是为了"糊口"。上班第一天经理明确告诉她，一年必须完成50单才有年终奖，否则就只能拿每个月3000元的工资。其他同事每天都拼命拉客户，但是她完全不把这个当回事。她说自己本身很讨厌跟人接触，尤其是难缠的客户。

有一天，经理问她交给她的客户有没有对接，她云淡风轻地说自己忘了这件事。经理当时就特别生气地训她。第二天早上，她就递了离职申请。经理问她是不是因为昨天训了她才这样，她说并不是因为经理的训诫而生气离职，是因为经理的训诫让她想通了自己要做什么事情。

辞了工作后，她冷静思考，并规划了自己以后的职业方向。从小到大，她一直坚持写作，这是她最热爱的事情，她一直没有放弃过。于是，她果断地找了对口的公司投简历，最终成功面试了一个文化传媒公司，负责新媒体板块。

由于缺乏工作经验，她不得不利用业余的时间做功课。平时下班，同事都走了，她也会主动加班不断修改自己的稿件。有自己不懂的地方，第二天会主动请教同事。一个月后就顺利转正，并写出了一篇阅读量十几万的文章。为此她感到非常自豪，更对这份工作充满了热情。

不热爱的工作只会不断消耗你的热情。也许一开始你是为了拿工资，最后，你的热情消耗完了，你甚至对钱都会提不起兴趣。因此，找工作，不能只看高工资，更要匹配自己热爱的事情。只有热情地工作，才能发挥自己的潜能，获得自己想要的成功。

那么，要如何找到自己热爱的工作呢？

### （1）清楚地了解自己的兴趣或者擅长的领域

一个人拥有自己感兴趣或者擅长的领域，最能激发一个人的潜力。因此，我们要通过生活或者工作中的事情进行自我观察，了解自己真正热爱的事情。例如，我们喜欢花更多的时间画画，那说明画画是自己热爱的事情。

一般来说，在做自己热爱的事情时，我们会非常享受。如果做得很好，会有很大的成就感。

### （2）清楚地知道自己不想要什么

无论是生活还是工作，其实都是一个不断发现自我、肯定自我的过程，但是很多时候我们并非能够清楚地知道自己想要什、热爱什么

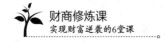
样的工作。我曾经问过一个朋友"你希望找一份什么样的工作"，朋友回答我说："我其实并不知道自己到底想要什么样的工作，但是这些年的工作经历告诉我，我真的很讨厌做销售。所以，我以后找工作肯定不会找跟销售有关的。"

如果你还没有找到自己真正热爱的工作，那一定要清楚地知道自己到底不想要什么。当你能够丢掉自己不想要的东西时，想要的东西就会慢慢靠近你。

### （3）工作中，要清楚自己想做的事情

很多人在工作的时候，什么都不敢跟老板说，于是老板让做什么就做什么，最后发现什么事情都做不好，还被老板骂一顿。为了避免这种情况发生，在工作中，当你有自己想做的事情时，你要主动跟老板表达。这样既能避免犯错误，还能更好地展现自己的实力。

热爱是一个人发自内心对自己的认同。当你认同自己，喜爱自己的工作时，你才会对这件事情充满热情和积极性，否则工作于你而言就是一种消耗，最终你还是会离开。所以，请耐心寻找一份自己热爱的工作，这是一件非常重要的事情。

## 02 把能力转化为财富

近几年网络上流行一个词语"斜杠青年"，该词语来源于英文"Slash"，出自《纽约时报》专栏作家麦瑞克·阿尔伯撰写的书籍《双重职业》，是指一群不再满足"专一职业"的生活方式，而选择拥有多重职业和身份的多元生活的人。这些人在自我介绍时，会用斜杠来区分，如张强，编辑/插画师/设计师。

从财富的角度看，"斜杠青年"正是把能力转化成了财富，除了原本的工作收入之外，他们还能获得其他收入。如今，"斜杠青年"已经成为越来越多年轻人热衷的生活方式。

但是生活中也不乏这样一群人，他们见多识广，视野开阔，会不断学习充实自己，但是他们无法获得与自己能力相匹配的财富。而一些学识和能力都不如他们的人，却获得了远远超过他们的财富。

究竟为何？答案其实很简单，因为他们过于专注学习和自我提升，却从来没有思考过，要如何将所学的知识运用到实际中，将自己的能力变现。所以，这些人即使有很强的能力，最终也只能为他人"利用"，成了他人致富的"工具"。

从一些成功、优秀人士的身上，我们不难发现，这些人总是能够

迅速地将自己的能力转化成财富，让自己的收入倍增。所以，有能力的人，不要把能力仅仅当作自己炫耀的资本，而是要将能力变现，以此增加自己的收入，助力自己的财富梦想。

如何把能力有效地转化为财富？

### （1）认识自己：定位自己的能力，并包装自己

认识自己是指要了解自己具备哪些能力，然后对自己的能力进行定位。定位能力，具体来说，就是要找到一个适合自己的细分领域，然后结合自己能力做到极致。当你能够在某个细分领域做到极致的时候，你就能成为该领域的专家。这时候你就是一个"品牌"，可以进行"包装"。

《罗辑思维》的创始人罗振宇，最开始是通过语音的形式向听众传播知识和信息。在《罗辑思维》取得了一定的成绩后，罗振宇又开始涉猎"知识付费"领域，创办了知识付费栏目——得到。2017年7月，"得到"App（应用程序）估值超70亿元。这其实就是一个将自己的能力细分、拓展，不断将能力转化成财富的过程。

### （2）持之以恒：专注培养自己的能力

能力不是与生俱来的，而是通过后天不断地培养、强化而来的。所以说，要想将能力转化成财富，必须要持之以恒地专注于能力范围内的事情。

之前工作中，偶然结识了一个能力非常强的朋友。当时我们在讨论要如何成功、致富这件事，他说："其实想要获得财富并非是一件非

常困难的事情，简单来说只要做到三点：第一，要有能力；第二，要专注自己能力范围内的事情，不断做下去；第三，君子爱财取之有道，不能做违背道德法律的事情。"

后来仔细想想，的确如此。朋友从小就开始学画画，大学本科毕业之后又去中央美术学院进修国画，如今自己开了一家工作室。除了画画之外，他还会阅读很多书籍，业余时间帮人写写文章。虽然他的画没有知名画家的画那么值钱，但是仅靠一幅画、一篇文章，一个月就能收入几万元，这是一般工作无法比拟的。

无论是从朋友的事情还是从自己成长的角度来看，我都很认同这句话。如果不能在自己的专业领域不断坚持，能力再强也会被埋没。

其实，在这个网络发达、机会不断的新时代，不存在"被别人埋没"一说，只有你自己能埋没自己。

### （3）找对"路子"：发现更多变现的渠道

把能力转化成财富的能力，用新时代的词汇来说就是"变现能力"，而要做到这一点，除了清楚认识自己的能力，并不断努力提升自己的能力外，还要学会去找到更多变现的渠道。

我身边有一个多才的朋友，他会写小说、画画，他还有一份全职工作。工作日在公司上班，下班回家写小说，周末的时候会接一些画画的工作。一个月下来，被动收入超过了主动收入。

所以说，当你有某方面的能力时，一定要找到对应的渠道，将自己的能力变现。如何寻找渠道？现如今网络如此发达，我们可以在网上搜索相关的信息，找到适合自己施展能力的平台。此外，还可以咨

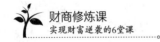

询自己身边的朋友或者同事等。总之，只要你用心去寻找，一定会找到施展自己能力的舞台，一定可以将自己的能力转化为财富。

证明自己能力最好的方式，是用你的能力创造巨大的价值。用能力创造财富并非每一个人都能做到。

## 03　积累你的职业资产

一份工作能够给你带来的是什么？面对这个问题，大部分的答案是"钱""经验""阅历"……甚至有人回答什么都没有。其实无论是什么行业、什么工作，都会给你带来一定的"职业资产"，而这将成为你致富路上最大的帮助。

人的一生中，多多少少都会换几家公司，换几个岗位，换份职业，但是无论换多少，工作中积累的职业资产都是不变的。工作是固定的，但是职业资产却是可以灵活运用的。因此，积累职业资产，也是实现财富自由的关键。

之前工作的时候，认识一个刚毕业的小姑娘。第一天培训结束，她跟我说："真的太累了，培训一天脑袋都要炸了。"我笑着说："这是一个很好的开始。不过要提醒你的是，入职的时候就要想想离职后自己能获得什么。"她很茫然地看着我问："我今天才第一天啊，我不能这么丧气吧，第一天上班就想着离职的事情。"

第一天就想着离职的事情，其实并不是悲观的表现，而是让自己明确接下来要怎么开展自己的工作，让自己在结束这份工作的时候，能够获得自己当初期待的东西。

当然，这里不是鼓励大家不断离职，但是对于大部分人而言，每份工作都只是一个阶段的驿站，我们只是路上的过客，在不断追寻适合自己的职业。所以，我们要树立正确的择业观和就业观，要具备职业资产意识，在最初的时候，就要明确知道自己最后能够积累哪些职业资产。

那么何为职业资产？工作其实就好比打游戏，我们不断闯关，不断获得经验值，不断获得更多的装备。每一个关卡所获得的东西，都能带到下一个关卡。帮助你不断通关的正是这些一直累积的可迁移的资产。而在工作中，这些资产就是工作中不断积累的经验、人脉等。这些东西会伴随着你，通过人生道路上的一个个关卡。

那么，在工作中要积累哪些职业资产？

### （1）积累相关知识和技能

在工作中，我们最终获得的就是知识和技能。知识是你懂得了什么，而技能是你会了什么。在一些专业性很强的工作中，对知识和技能的要求非常高，这也意味着你能学习和提升的东西有很多。所以，要努力学习积累知识和技能，展现自己的才能，使自己成为该领域的专家。

但是需要注意的是，专业性强的工作，知识和技能具备强相关度，

如果要跨行业，则职业资产迁移性相对较低。

### （2）不断刷新你的经验值

玩过游戏的人都知道经验值。积累经验值，可以快速提升自己在游戏中的等级，能够开启更多的技能，便于自己更快通关。在工作中，同样如此，很多企业在招聘的时候，就要求工作经验。拥有工作经验的人，会大大节省企业的人力和财力成本。这也是一些经验丰富的员工，在市场被"哄抢"的原因。因此，要不断刷新自己的经验值，简单来说就是你做过什么。很多人在工作中，只会盯着自己手头的工作，其他什么事情都不管，最后积累的工作经验少之又少。

所以，在工作中，要做好自己分内工作的同时，也要做好分外的事情，如公司的一些项目活动、部门的一些其他工作任务等。有机会就要争取，不要认为这是在给自己找麻烦。相反，积累更多的经验，是在给自己创造更多致富的机会。

### （3）把握你手中的所有资源

一般来说，我们工作中多少会接触一些客户和渠道，这些资源都是立足一家公司的宝贵资产，能够为你快速转移和变现。

其实，无论是客户还是渠道，核心只有一个——人脉。因此，在工作中，无论是对客户还是接触到的其他人，都要学会去维护你们之间的关系，努力将工作中高净值的人脉，转变成自己的私人关系。

当然，这里需要注意的是，不是指使你去窃取公司的客户信息和渠道信息，你所做的职业资产迁移，必须符合法律和商业道德，任何违背法律和商业道德的事情都不能做。

### （4）不可忽视你的能力素质

很多人在工作中一味强调知识和技能，却忽略了能力素质。何为能力素质？比如工作中解决问题的能力、与客户交流的能力、克服困难的毅力……这些长期积累的能力素质，一旦提升了，不仅可以迁移，还可以伴随你一辈子。因此，工作中要不断去锻炼并提升自己的能力素质。

在你当前的工作中，你收获了什么？无论你是刚刚入职的新人，还是有经验的职场人士，你都可以通过以上四点来对照自己，以明确自己能够获得并迁移的资产有哪些。

个人的职业资产，就是个人的核心竞争力。你只有具备职业资产意识，能够将这种意识投入到工作中，你才会成长得更快，你才能收获更多的财富。

# 04 尝试做出自己的判断

美国著名作家、思想家安·兰德曾经说过：财富是一个人思考能力的产物。从某种程度上说，一个人的思考能力和判断力，往往决定

了他的财富水平。因此，要想提升创造财富的能力，就要学会思考，尝试做出自己的判断。

海尔集团的首席执行官张瑞敏就是一个判断力超强的人。有一次他在公司视察时，询问一名员工："你上个月卖了多少台空调？"员工想了想，支支吾吾地回答说："嗯……大概……卖了120台。"对于这一数据，员工本应该脱口而出的，因此张瑞敏判断该员工没有完成考核指标。

判断力强的人能够清楚地了解事情背后的本质原因，进而能够更快找到解决问题的方法，更好地把握住每一个成功的机会。

美国著名作家本杰明·富兰克林曾说："英明的人不需要建议，愚蠢的人不采纳建议。"所以，不要任何事情都听之任之，要想获取财富必须尝试自己做出判断，以此来提高自己的判断力。

一般来说，提高判断力，可以采取以下几种方式：

**（1）培养理性思维，学会独立思考**

很多人遇到困难时，第一时间会寻求他人的帮助。但是很多时候，我们会发现有些解决问题的方法适合别人，并不一定适合自己。而且在寻求别人帮助的时候，我们往往将事情的主动权完全交给了对方，成败与否都在于对方的建议是否正确。但是，生活是自己的，我们要学会培养自己的理性思维，遇到问题要学会理性对待、独立思考。当你能够独立处理自己遇到的事情时，你就会尝试做出判断，而这个过程就是提高自己判断力的最佳方法。

### （2）不断保持学习

管理学上有一个概念叫"彼得原理"。该原理是由美国学者劳伦斯·彼得在对组织人员晋升的相关现象进行研究后得出的一个结论：在各种组织中，由于习惯对在某个等级上称职的人员进行晋升提拔，因而雇员总是趋向于被提升到其不称职的地位。换句话说，当你被提升到自己无法胜任的岗位时，你的晋升之路就戛然而止了。

而这件事情背后的本质原因就是没有保持学习。从本质上说，一个人的发展取决于一个人的学习力，而学习力的高低决定了一个人判断能力的高低。因此，要保持学习，不仅要学习专业知识，还要学习其他领域的知识，也要学会进行自我管理，以更好地了解自己，洞察他人，进而做出准确的判断。

### （3）获取知识和信息

判断一般是基于一定的信息作出的，例如，跟某个人交谈，发现他说话经常引用一些成语或者作家的名言，那么可以判断这个人喜欢阅读。相关的信息越多，判断就越准确。因此，获取知识和信息也是提高自己判断能力的一种方式。一般来说，获取知识有两种比较简单的途径：

第一种：阅读。读书可以说是获取知识最简单、成本最低的方式。我们可以养成读书的习惯，每天阅读一个小时。这里需要注意的是，如果是为了获取知识，就不能限定自己的阅读范围，涉猎越广泛、了解的知识越多，对提升判断力就越有帮助。

第二种：与他人交流。一定要多花时间跟具备财富思维的人交流，

他们一定会打开你思维的大门。当你的思维转变了，认识提高了，你看待事物就会更全面，进而能够对自己起初拿不定主意的事情做出更准确的判断。

选择比努力更重要。而能否选择合适的路和正确的致富方式，就在于你判断能力的高低。所以，很多人说，判断力是比智商、情商更重要的事情。拥有超强的判断力，就意味着你可判断未来的发展趋势，能够了解所在的风险，进而成功地避开风险，找到风口，成就自己的财富梦想。

# 05 甄别并勤于做高价值任务

英国著名小说家沃尔特·司各特曾经说过："光辉的人生中，一个忙迫的钟头，胜于无意义的人生的一世"。人的一生是短暂的，所以必须把时间花在高价值的事情上。

然而在实际的生活中，我们常会听见身边的人抱怨，"我那么努力学习，怎么就是不能通过考试""我每天熬夜到两三点，业绩还是提升不上去""我每天去健身房锻炼，一个月了一斤没瘦"……从表面上看，似乎努力都白费了。但是，实际上"努力学习的时候，是在一边做练习题，一边追剧""熬夜到两三点，是在打游戏""去健身房拍了一个小时的照片，修完图，发完朋友圈，洗个澡就走了"……这些无效的努力，无价值的事情，做再多都是无意义的。要想致富，请停止做这些没有价值的事情，将更多的时间和精力用在高价值的任务上。

在快速发展的时代，最贵的是什么？不是名牌、奢侈品，而是时间。随着经济的不断发展，时间成本越来越贵，所以每个人都必须要求自己成为时间的功利主义者，尽可能做能给自己带来价值的事情，将时间利用率最大化。

> 李靖，公众号"李叫兽"的作者，2015年创办了自己的公司——北京受教信息科技有限公司。2016年12月，百度以近亿估值收购该公司，并聘请李靖为百度副总裁。很多人为此十分惊讶，并因此嫉妒他。
>
> 百度之所以能出这么高的价收购公司、聘请李靖，就一定有很强大的理由。李靖本身是从事自媒体行业的，在自己的自媒体平台上输出了很多高价值的营销理论。他能够采取新颖、有吸引力的方式，将枯燥的营销学概念表达出来，深受读者的喜欢。而李靖之所以能做到这些，正是因为他把自己的时间都放在了这些高价值的事情上。

当你不断做高价值的事情时，这些输出的价值必定会以另一种方式回馈给你。所以，要甄别并勤于做高价值的事情！

那么，具体要如何甄别高价值的事情？

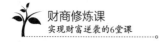
### （1）是否能拓展你的边界

我国古代著名思想家孔子曰："朝闻道，夕死可矣。"如果一件事情，能够拓展你的边界，让你学到更多的知识，那么这件事情就是有意义的。

一个朋友很喜欢玩网络游戏，除了上班，其他时间基本上都在玩游戏，平时也很难把他约出来。他工作了三年，无论是薪资水平，还是技能和知识，都跟三年前差别不大。可见，疯狂打游戏对他而言是一件没有价值的事情。如果他继续这么做下去，未来必然没有发展前景。

当一件事情不能拓展你的边界，提升你的技能时，就要立刻停止做这件事情。

### （2）能否帮助你提高工作效率

人的生命是有限的，必须在有效的时间内创造更高的价值。任何浪费时间的事情都是不可取的。判断一件事情是否是高价值时，要确保这件事情能够提高你的工作效率。

举个简单的例子，如果有人推荐你阅读一本提升工作技能相关的书，那么你可以选择做这件事。因为这本书可以帮助你提升效率，节省工作时间。相反，如果朋友总是约你逛街、打游戏，那么你可以选择不做这件事，因为过多的娱乐生活就是没有价值的事情。

### （3）能否给你带来收益

判断一件事情是否具备高价值，最简单的方式就是看这件事能不能给你带来收益。

> 有一个非常努力的女孩，工作之余会在各大平台投稿写文章。自媒体发展起来后，她自己开通了公众号。每天下班回家后，她要做的事情就是看书、写作，一年后，她的粉丝涨到十几万，每个月单是读者打赏都能收入上千元，加上平台的收入，一个月有上万元。

那么，写作、读书显然是一件非常有价值的事情，因为这件事本身就在创造价值。

创业致富的关键不在于你每天能做多少件事，而在于你能否甄别出高价值的任务。如果你能做到这一点，创业致富的梦想你已经成功了一半。

## 06 敢于提加薪，并争取获得更多

众所周知，获取财富的方式有两种：开源和节流，除了节省不必要的支出外，更重要的就是增加收入。对于普通的上班族而言，增加

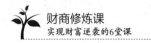

收入最简单的方式就是加薪。但是大部分的职场人都羞于向老板提出加薪。

全球领先的专业招聘集团瀚纳仕团队 2018 年的调查报告显示，有 57% 的人对目前的薪酬水平不满意，有 74% 的人在上一年度的绩效考核后并没有向上级提出加薪的要求。也就是说，只有 26% 的人会遵循自己内心的想法，敢于向上级提出加薪。

为什么大家都羞于或者说不敢向上级提出加薪，只会在背后抱怨呢？

有一个朋友，在一家辅导机构教小孩子学英语。每个月要上 30 多节课，暑假的时候工作量更大，但是他的工资跟工作量却不成正比。他经常跟我抱怨说，工资太低。我跟他说："抱怨是没有用的，你完全可以直接向老板提出来，如果老板满足不了你的需求，你可以另谋出路，毕竟工作也是一个双向选择的过程。"朋友听完后有些生气地说："你是不知道，我们提加薪等于提出离职，这年头工作好找吗，我也不容易啊。"

大多数人都是因为类似的原因不敢提出加薪。但是，我们工作的目的就是获取报酬，如果最基本的需求都满足不了，其他的事情也就更无从说起。

当然，提出加薪也是有技巧的，不能直接推开老板办公室的门说："老板，我要加薪。"这种情况下，加薪就等于离职。那么要如何正确提出加薪，争取获得更多报酬呢？

### （1）做好加薪前的准备工作

提加薪也是要有依据的，盲目提出加薪，只会降低自己在老板心中的印象值。因此，在提出加薪前，要做好充足的准备工作。

首先，要调查同行业的薪酬。了解同行业的薪酬水平，最简单的方式就是浏览相关公司的招聘信息，或者咨询身边的朋友。了解同行业的薪资，有助于你向老板提出合适的加薪幅度。

其次，清楚公司的加薪政策。每个公司都有自己的加薪政策，例如满一年可以加薪，或者取得了什么样的成就可以加薪。当你达到公司的要求时，完全可以按照公司的加薪政策和流程合理提出加薪。

最后，准备加薪理由。当你的加薪理由非常充分，老板连拒绝你的机会都没有。因此，在提出加薪之前，要准备好一个完美的加薪理由，让老板清楚地知道你的价值已远远超过当下的收入。

### （2）找到合适的时间是成功加薪的关键

我国古代人做事就讲究"天时地利人和"，这样能提高做事效率。提出加薪这件事情也是如此，要讲究时机。

一般来说，最适合提出加薪的时机有以下几种：

第一种：当你取得很大的成就或业绩时。例如，你帮公司签下了一笔大单，帮助公司创造了很大的收益，老板对你赞赏有加，这个时候就可以提出加薪。

第二种：在年末管理者找你讨论下一年的工作计划和个人规划的时候，可以向老板表达自己想要加薪的想法。

第三种：当老板需要你承担更多的工作任务和责任的时候，可以

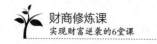
提出加薪的要求。

第四种：公司业绩不错，时间充裕的时候，是提出加薪的大好时机。

当然，具体的时机要根据不同的人、不同的职位、不同的公司而定。

在职场中，工作优秀是一种能力，敢于跟老板提出加薪也是一种能力。所以，对于加薪这件事要持有一个正确的看法，要敢于开口跟你的老板谈加薪。

敢于开口提出加薪的人，往往都比较自信，认为自己的价值完全能够匹配提出的加薪要求。当你大大方方跟老板提出加薪请求的时候，老板一定会被你的自信感染到，你加薪成功的概率就会更高。

获得财富的关键是主动行动，而不是被动等待。如果你的工资跟你的价值不符合，那么请你主动、勇敢地向老板提出加薪，让自己的价值能得以更好地体现。

# 07 想赚更多，学会获取帮助

想赚更多，就要懂得借力，获取他人的帮助。

我曾经读到一个这样的故事：

一个女孩想把自己屋子里一个用不到的木箱扔出去，但是木箱很重，超过了她的能力范围。母亲来到她的房间，看到她正在吃力地尝试把木箱搬起来，于是鼓励她说："加油，我相信你一定可以搬起来。"女孩加大力气，但是由于木箱太重怎么都搬不动，她非常无奈地告诉母亲说："这个木箱都快超出我的体重了，我想尽了办法，还是搬不动。"母亲笑着说："不，你还有一个办法没有想到。"小女孩疑惑地看着母亲问："什么办法？"母亲摸摸她的头说："你还没有向妈妈求助。"

很多时候，我们做事情就像这个小女孩一样。我们想获取财富，于是我们就拼尽力气，但是效果甚微。其实，做成一件事情，靠的不仅是个人的能力。绝大多数成功者，之所以能够取得成功，并非他们能力有多强，而是因为他们懂得借力，获取其他人的帮助。换句话说，他们懂得资源整合。

那么，在致富的道路上，可以获得哪些帮助呢？

### （1）身边朋友的帮助

人们常说："在家靠父母，出门靠朋友。"从古至今，无论是帝王将相还是商业人士，获取财富都需要朋友的鼎力相助。

1919年，我国著名的文学家、作家林语堂先生获得助学金赴美留学。遗憾的是，一年后助学金被停了。林语堂家境并不富裕，亲戚朋友都无法借钱资助他继续上学。在这种困难的处境下，他只好鼓起勇气向胡适发电报寻求帮助。他知道，胡适的生活并不宽

裕，但他乐于资助他人。于是林语堂在电报中写道："能否由尊兄作保向他人借贷1000美元，待我学成归国后，偿还。"

电报发出去没多久，林语堂就收到一张1000美元的汇票。胡适告诉他，这是北京大学预借给林语堂的工资。毕业后，林语堂要回国到北京大学工作。

林语堂认为这1000美元是买人的，多少有些不愉快。但是形势所逼，林语堂只好收下，以让自己在美国安心读书。在哈佛大学拿到文学硕士学位后，林语堂又赴德国莱比锡大学攻读语言博士学位。他再次遇到了"经济危机"。于是，林语堂不得不再次发电报向胡适求助。胡适像上次一样，给他汇了1000美元。

1923年，林语堂获得博士学位后回到中国。为了兑现自己的承诺，他谢绝了其他高薪单位的聘请，直接回到北京大学任教。

也许有人认为林语堂不去北京大学的话，说不定有更好的发展，能获得更好的财富。但是如果没有胡适那2000美元的资助，林语堂或许还只是个默默无闻的人。所以，林语堂能获得今天的成就，能拥有当下的财富，正是因为朋友的帮助。

### （2）家人的帮助

家是避风的港湾。当我们在外面遭受挫折的时候，第一时间想到的就是家人，第一时间能够站出来帮你一起抵挡风雨的也是家人。所以无论如何，要关心你的家人，他们就是致富路上你最宝贵的财富。

人们在想做一件事情的时候，第一个想到的是"我的家人是不是支持我"。他们希望获得家人的支持和帮助，即便自己不一定能做好这件事情，但是只要家人支持就有动力。

程涛是一名重点大学本科毕业的学生，毕业之后辅导员给他推荐了一份工作，工作地点在上海复旦大学研究所，负责一个项目的设计工作。几轮面试结束后，程涛成功通过面试。上班的第一天，他就被震惊到了，原本以为自己的学历还可以，去了才发现身边都是名牌大学的研究生和博士生。程涛的父母听到之后，感到非常高兴，觉得自己的儿子终于能扬眉吐气了。但是对程涛来说，面临的却是巨大的压力。一方面的压力来自同事的优秀，另一方面的压力来源于经济。虽然工资不低，但是想在上海生存是一件很难的事情。

工作一年后，程涛辞去了工作，准备和同学创业。当他把这件事情告诉父母后，父母一开始非常不理解，认为程涛能够在一线城市有一个稳定的工作很不错，不应该离职去创业。但是程涛一再坚持，父母便没有反对，为了支持程涛，还给了程涛五万元钱。虽然钱不多，但是程涛感受到了莫大的动力，也因此有了更足的信心。

虽然创业之路很艰难，但是在父母的支持下，程涛一路都在坚持，最终程涛成立了自己的公司，每年的收入在 50 万元左右，远远超过了之前上班时候的收入。

懂得获取父母的支持，也是成功致富的关键。

再来看一个案例。

某科技创业公司的老板胡佳佳创业的第一年大家问他，第一个春节打算跟谁一起过？他不假思索地回答："回上海陪未婚妻过年。"每当说起自己的未婚妻，他的脸上都会洋溢着幸福的笑容。

胡佳佳在美国读完博士后，就放弃了在美国工作的机会，打算回国创业。他把这个想法告诉了未婚妻，心里很忐忑，害怕未婚妻不支持自己。没想到未婚妻很干脆地说："只要你决定好了，想好了，我就支持你。"

创业不是一件简单的事情。一开始的时候就遇到了很多困难，连连失败，连胡佳佳自己都没有信心，打算放弃了。但是未婚妻一直非常支持自己，在这种力量的支撑下，胡佳佳不断努力，最终取得了成功。如今他已经有了自己的公司，每年的盈利 200 万元左右。

胡佳佳说："创业最难的不是没有好的项目，而是你身边没有家人支持你。"所以，爱自己家人最好的方式是在他最需要你的时候，帮助他，支持他。

### （3）同事的帮助

在职场中，大多数人都很难处理好跟同事之间的关系，即便能够处理好也许只是"表面上"的朋友，私下不会有过多的联系和交流。他们很容易把同事看成自己的敌人，所以对同事有很强的防御心理。

其实，具备高财商的人，他们不会轻易把身边的人看成自己的敌人，尤其是自己的同事。职场中接触最多的人就是同事，他们对你的了解不比你家人少。如果能够懂得处理好跟同事之间的关系，懂得帮助你的同事，你将获得宝贵的人脉，从而获得更多的帮助和机会。

同事是跟你接触较多、比较了解你的人。工作上如果遇到困难，能够帮助到你的一定是在你身边的同事。所以，我们要改变自己的固有思维，友好对待自己的同事，才能在需要的时候获取他们的帮助。

张楠是一名刚毕业的大学生，毕业后只身去深圳找工作。刚开始找工作非常困难，经济也非常紧张。为了暂时安顿下来好好找工作，她不得不白天找工作，晚上去兼职。当时她找了一个啤酒推销的兼职。但是该啤酒品牌刚刚进入深圳市场，很难得到消费者的认可，客人基本上不会接受推荐。

张楠在这里工作了三天，一瓶酒也没有推销出去，心里特别着急。第三天晚上她没有积极推销啤酒，而是站在一旁观察。她发现除了个别的客人有固定的偏好外，其他的客人基本上都会征询服务员或者领班的意见，或者只说一句"什么啤酒都可以"，而这也取决于服务员和领班会主动给他们拿什么酒。

在这种情况下，选择权就在服务员和领班身上。如果服务员和领班能够帮忙推荐啤酒的话，销量肯定会不断增长。于是，第四天上班的时候，张楠提前两个小时到达了上班的地方。她拎着很多奶茶和水果赠送给餐厅的领班和服务员。这虽然是一个小小的举动，却成功地俘获了领班和服务员的心。

晚餐的时候，客人开始点啤酒，领班和服务员都会主动推荐张楠推销的啤酒。一个晚上就卖出了200瓶，这让张楠感到很吃

惊。此后，她依然还会隔三岔五给领班和服务员买点儿小东西，或者帮助他们干活，主动招徕客人。餐厅里的人越来越喜欢她，都会帮她推销啤酒。后来，张楠每个月单凭推销啤酒这份兼职就能赚到2500元左右。

一个人的力量是渺小的，当你身边的人开始帮助你时，你会发现即便走上坡路也会很轻松，因为他们在后面推着你。但是，要获得同事帮助，首先一定要跟他们友好相处，积极帮助他们。

### （4）获取顾客的帮助

绝大多数人都会认为自己跟顾客之间的关系只有利益关系，表面上他们认为"顾客是上帝"，但实际上他们认为顾客就是折磨自己的"恶魔"。他们对顾客所做所说都是为了能够促进成交，并非真心实意地跟他们沟通。换句话说，他们跟客户沟通的目的，就是希望客户能购买自己的产品，进而可以获得一定的利润。于是市场上出现了很多宰客现象，这种人只做"一次"生意，没有回头客。

而具备财商思维的人知道，要获得财务自由就必须有源源不断的资金，如果只做一次生意，你获得收入就会变少。相反，如果你能主动帮助你的顾客，让他们感受到你的真诚，他们会自觉成为你的忠实顾客，还会给你提供更多的帮助。所以说，处理好跟客户的关系，也是致富的关键。

我认识一个女性朋友，她很喜欢剪头发。有一次，她的朋友向她推荐了一家理发店，那段时间她刚好想要做一个发型，于是就预约了理发师。开始剪头发的时候，理发师就一直说朋友的发质不好，需要做护理，极力推荐朋友办会员卡。朋友拒绝了他的推销。没一会儿又来一位店员，负责帮她染头发，也开始苦口婆心地劝她办理会员卡，甚至拉着我朋友的手说："求求你，办张卡，我这个月业绩不够。"朋友气不打一处来，还没等头发做完就离开了理发店。

后来，她终于找到一家良心理发店。理发师完全能够听她的意见，剪出她满意的发型，而且没有人会推荐她办卡。朋友主动提出要换发型，理发师都劝她说不用经常换，会伤害头发。因此，她才愿意一直在这家理发店消费，因为店员给她提供了所需的帮助。后来，她还会不断拉自己的亲人朋友去那家店，大家都是一致好评。

我们不难发现，当你为顾客提供帮助的时候，他们能感受到你的真诚，于是会主动帮助你。相反，如果你只是想赚他的钱，他一定会让你没钱赚。所以，对待顾客，不能有太强烈的功利心。你想要从他们那里获取利益，首先要真诚对待他们。

归根结底，成功和失败都是次要的，重要的是家人和朋友的理解、帮助和支持。当你背后有一群人支持你的时候，你做什么事情都会有信心和动力，这时候取得成功、获取财富的概率就会更大。

唯有拥有坚强后盾，你才能成就一番大事业。

# 08 开辟多种收入渠道

大多数职场人士的收入来源于工作，但是仅凭工作的被动收入是无法实现财务自由的。要实现财务自由，关键是你必须要有一个稳定的、可持续的被动收入，换句话说，就是要学会开辟多种收入渠道。

## （1）运营自己的自媒体

前面章节提到要将自己的能力转化成财富，其实这就是一个很好的收入渠道。如果你能力强，有才华，那就不能将自己局限在工作中，而是要找平台将自己的才华"兑现"，以增加自己的收入。

现如今是一个网络发达、平台和机会都很多的时代，只要你有能力，就可以通过相应的渠道展现自己。

一位宝妈，她在一家保险公司做行政工作，平时最大的兴趣就是读书、写作。近几年，内容创作平台日益兴起，她在好几个平台注册了账号，在上面分享自己的育儿经验。做了半年后，阅读量就提升了，很多编辑找她约稿，一个月的收入比上班高出一倍。她常跟我们说："两条腿走路总比一条腿走路快。"

能力变现的渠道有很多，例如在微信公众号发文章，或者在抖音、微视等平台发视频。只要你能力强，有才华，就可以在网络上开辟多种收入渠道。

### （2）发布在线课程

如果你在某一领域有丰富的经验，你可以将这些设计成课程，在网上讲课。有需要的人，就会选择购买你的课程，这是一个无论对于自己还是他人都有益的收入渠道，他们获取了知识，你获取了财富。

这种收入渠道，在新时代叫作"知识付费"。

2018 年有一款很火的网络辩论综艺节目叫《奇葩说》，《奇葩说》热播后，节目主持人、著名经济学家薛兆丰老师深受人们的喜爱。

薛兆丰老师，是"知识付费"领域的佼佼者。他在得到 App 上，开了自己的《薛兆丰的经济学课》专栏，截至 2018 年 12 月，订阅量达到了 31 万，按照每份课程 199 元的价格来算，仅在线课程为平台带来的营收就 6200 多万元。

所以，如果你在某一领域有丰富的经验，你也可以像薛兆丰老师一样，打造自己的专栏，以知识获取相应的财富。

### （3）将自己闲置的房子租出去

如果你有闲置的房产，你完全可以将房子租出去。房租的收入是被动的，而且是源源不断的。

　　我之前打工租房住的时候，一次房东收房租，无意中聊起自己房子的事情。他说自己家就在本地，家里有四套房子，自住一套，爸妈住一套，其他两套都租出去了。一开始，每套房子的房租在 1500 元左右，一个月单靠房租能够收入 3000 元左右。后来，随着经济的不断发展，房租涨价了，精装后的房子租出去一套 3000 元左右，两套房子一个月下来就是 6000 元左右。这个收入，当时远远高出我的工资。

### （4）学会投资理财

投资理财是增加收入不可或缺的一个渠道，有句俗话说"你不理财，财不理你"，事实上的确如此。

很多人认为，有钱的人才理财，没钱的人哪来的钱理财。其实一个月就算只拿 3000 元的工资也可以理财。你可以根据自己的资产状况，选择合适自己的理财方式和产品。

以上提到的只是收入渠道的一部分，生活中还有很多收入渠道，如开淘宝店、代跑腿等。如果想致富，就不能被自己的思维和当前的环境所局限，要善于发现并开辟新的收入渠道，增加自己的财富。

财商修炼课

第5章

# 财商第5课：打开财富快速增长通道

创业是当代年轻人最推崇的一种致富方式，能够快速实现财富增长。但是创业并非一件非常容易的事情，要想创业成功、快速积累财富，就要掌握创业致富的"小秘密"。

# 01 创业是财富快速增长的通道

美国著名心理学家马斯洛将人类的需求分为五个层次，从低到高依次是：生理需求、安全需求、社交需求、尊重需求和自我实现需求。低层次的需求满足后，才可能出现更高级的、社会化程度更高的需求。而随着社会和经济的不断发展，大多数人已经能够满足自己生理、安全、社交和尊重这些需求，下一步他们要满足的就是自我实现需求——过自己想过的生活。而为了满足这一需求，越来越多的年轻人加入创业队伍。

根据《福布斯》中文版发布的报告显示，2015 年年底，中国私人可投资资产 1000 万元以上的高净值人群规模达到将近 112 万元。其中，企业主占了一大半。毋庸置疑，创业是财富快速增长通道。

说到创业，我们不得不提到近几年对我们影响比较深的今日头条的创始人——张一鸣。1983 年他出生于福建龙岩，2005 年毕业于南开大学软件工程专业。大学毕业后，张一鸣就开始自己创业，组建了一支 3 个人的小团队，开发企业协同办公软件，但是很快发现产品的市场定位不正确，最终以失败收场。

创业失败后，2006年张一鸣进入了在线旅游搜索网站酷讯，负责酷讯的搜索研发。一年后就成为技术高级经理，最终担任技术委员会主席。当了管理者后，张一鸣很想学习一下大型企业的管理方式，于是在2008年离职去了微软。

在微软待了一段时间后，张一鸣以技术合伙人的身份加入"饭否"重新创业，负责饭否的搜索、消息分发。饭否关闭后，2009年10月，张一鸣开始了第一次独立创业，创办了垂直房产搜索引擎九九房。在当时的互联网条件下，九九房收获了150万用户，是房产类应用的第一名。

但是张一鸣并没有满足于此，毅然辞去九九房CEO的职务，在2012年年初开始筹备今日头条。

截至2017年，今日头条的用户量高达6亿，活跃用户有1.4亿，每人每天花在今日头条的时间是76分钟。现在，今日头条旗下有今日头条、悟空问答、抖音、西瓜视频等多款产品，张一鸣的公司已经成为一个超级平台，而这些给他带来的财富也是不可估量的。

创业的确是一个财富快速增长的通道。但是，不是任何一个人都能通过创业快速积累自己的财富。创业也是一种投资，只要是投资，就必定会面临一定的风险。张一鸣成功获得了巨大的财富，相应地，也有人创业失败，背负了一身的债务。

我之前听同事提到一件创业失败的事情。

当时一群刚毕业的年轻人，不想上班，于是都跟家里父母借钱，凑了 20 万元，开了一家在网络上很火的小店，里面卖的是各个国家的泡面，装修清一色的 ins 风（Instagram 上的图片风格）。刚开业的时候，为了"造势"，高价请了当地一个非常有名的主持人主持开业活动。一开始的时候，人气还可以，每天的收入不说能赚到多少钱，但是不会亏本。一个月后，人气迅速降低，店里冷清得要命，基本上没有人进店消费。一个月经营下来，入不敷出，员工的工资都支付不起。合伙人都打不起精神，每天谁都不想去店里。就这样，坚持两个月后，他们决定关闭这家店，老老实实去上班。

同样是创业，有的人成功，有的人失败。所以说，对于创业致富，我们要有一个正确的认识，要清楚地知道创业背后的风险和其他注意事项。我们必须清楚地知道，创业这件事为什么要做，究竟要如何做，而不是盲目跟风。创业致富必须做好充足的准备，选择正确的方向，找到正确的合作伙伴并坚持下去。否则，你的创业就是"小孩子过家家"，必然会面临失败。

# 02 预见未来，选择正确的创业方向

在经济发展的当下，很多人都希望通过创业获得更多的财富。但

是创业并非一件简单的事情，不少人失败了。为什么同样是创业，有的人成功了，身家过亿，而有的人不但没有增加财富，反而负债累累？问题的关键在于，你是否能预见未来，选择正确的创业方向。

有两只蚂蚁想翻越一堵墙，墙的另一边有食物。其中有一只蚂蚁为了获取食物，不断地往墙上爬。可是，每当爬到一半时，就会掉下来。但是，它没有放弃，仍然坚持往上爬，它始终坚信，只要不断努力爬，一定能翻越这堵墙，获取自己想要的食物。而另一只蚂蚁直接绕过墙，很快享受起美食。这个时候，另一只蚂蚁还在苦苦挣扎。

这个故事的寓意是，要想获得成功，单单凭借努力是不够的。如果方向错了，再多的努力都是徒劳，而方向对了，则会起到事半功倍的效果。换而言之，选对方向比努力更重要。

众所周知，阿里巴巴创始人马云是一个拥有巨量财富的人。他之所以能获得这些财富，是因为他选择了正确的创业方向。

1995年，马云去美国工作。在朋友的帮助下，他对互联网有了初步的认识和了解。回国后，马云立即东拼西凑2万元钱，开始创业，成立了中国第一家互联网商业信息发布网站。

当时马云是一名大学教师，教师职业在那个年代是人人羡慕的"铁饭碗"。但是马云果断地放弃教师职业，转身投入到互联网行业中。不久后，马云的网站初见成效，他获得了第一桶金。这个时候，马云意识到，互联网产业界应该重视企业与企业之间的电

112

子商务，于是他创建了阿里巴巴，一步步扩大自己的商业帝国。

马云似乎能迅速嗅到"商机"，能遇见未来发展趋势，并且会立即行动起来，顺应趋势发展，或者说引领时代发展趋势。试想一下，如果马云没有遇见未来的能力，没有选择对的方向，那么他现在可能还是一名老师，而我们也不知道淘宝和支付宝是什么，还在商店排队购物、付款。

所以，不要盲目努力，要培养自己预见未来的能力，选择正确的创业方向。笔者建议，创业要做到以下四点：

### （1）获取更多的信息和资讯

马云因为去了美国，了解了互联网，才创立了阿里巴巴，也就是说未来不是空想出来的，而是基于一定的信息和资讯判断出来的。因此，要想预见未来，了解未来的发展趋势，就要通过各种渠道和方式，获取更多的市场信息和资讯，时刻关注市场的动态。

如今，我们可以足不出户从网上获取相关的市场信息和行业动态。此外，还可以参加一些线下商业讲座和商业人士开设的课程。只有全面了解市场信息，关注市场动态，才能更好地预见未来，找到准确的创业方向。

### （2）制订更多的创业方案

在了解完相关的信息和资讯后，你头脑中一定会有一些创业方案。这时候不管你想的这些方案靠不靠谱，有没有创意，都要将这些方案

记下来，并且要尽可能想出更多的方案。如果一个人的能力有限，那么你可以找你的家人或者朋友帮助你一起构思，方案越多越好。

### （3）分析、评估方案

现在你已经收集到了很多创业方案，接下来你需要根据自己的经济水平、能力以及市场发展等相关情况，对这些方案进行分析、评估、筛选。在这个过程中，你需要问自己以下几个问题：

- 我对这个创业方案有足够的热情吗？
- 这是不是我感兴趣或者擅长的事情？
- 五年或者十年后，我还会为这个想法继续努力吗？
- 为什么会选择这个方案？你能清楚地描述吗？
- 这个创业方案能给你带来可见的收入吗？
- 市场竞争对手是谁？他们的产品有哪些特点？你的产品能超过他们的吗？

    ......

如果上述问题有一个是否定的，那么你就要慎重考虑是否选择该创业方案。

### （4）进行市场调查

一个创业方案好不好，能不能获得财富，往往不是创业者说了算，而是市场说了算。因此，在对创业方案进行分析、评估后，还要进行全面的市场调研。

一方面，你需要关注的事情是，市场上有没有类似的创业方案，他们成功了还是失败了，背后的原因是什么；另一方面，你要了解的是市场需求，即你的目标客户是谁，他们需要什么样的产品。市场调查的信息越全面、真实，最后的方向就会越正确，可以帮助创业者降低风险。

经过以上四个步骤后，你最后要做的事情是，保留其中最有希望、最适合自己、最符合市场发展需求的创业方案，然后行动起来，去开启自己的创业之路，去实现自己的财富梦想。

## 03 找到对的合伙人

2018 年 6 月《中国合伙人 2》正式开机，这让不少电影迷开心不已。《中国合伙人 1》在 2013 年上映，电影讲述的是几个年轻人合伙创业的故事。上映后收获了 5 亿元票房，成为 2D 电影中的年度亚军。电影播完后，也掀起了一阵合伙创业热潮，不少人认为，创业就是要找到对的合作伙伴，实现 1+1 > 2 的效果。

综观大企业，他们背后多是一群互相扶持的合伙人。例如，雷军在小米创立之初找到了七个合伙人，百度有"七剑客"，阿里巴巴有"十八罗汉"，腾讯有"五虎将"。如何像他们一样，找到对的人，成就一番大事业呢？

很多人在回答这一问题的时候，会说"找熟人""找自己身边的朋友""找亲人""找相处过的同事"。其实，身份并不是关键，关键在于那个人与你的创业梦想合不合，你们合作是不是能激发出火花。例如，新东方"三驾马车"（俞敏洪、王强、徐小平）、腾讯"五虎将"（马化腾、陈一丹、许晨晔、张志东、曾李青）、携程"四君子"（梁建章、范敏、沈南鹏、季琦），他们其实并不是特别熟悉的人。

美国的 Enplug（互联网式广告牌）就是由五个陌生人建立起来的，其创始人刘南茜选择合伙人的方式是看彼此间是否有共同点，而不是非要花几个月的时间相处，或者找以前认识很久的熟人。所以，选择合伙人的时候，不要只关注熟人，你需要找到的是对的人，而不是认识最久的人。

那么，要如何找到对的合作伙伴？笔者建议创业者选择同伴时，要考虑以下几点：

### （1）能够互相欣赏彼此身上的优点

我认识一个创业的朋友，他是一个非常努力的人。刚开始创业的时候，为了了解更多的市场信息，他每天早上五点多起床，去各大商场走访。而他的伙伴也会辅助他的工作，并会将他收集到的信息进行详细分析。他们两个人彼此都很欣赏对方，虽然合作的时候也会出现矛盾，但是只要一方说得在理，另一方就会尊重他的意见，而两人不会僵持不下。不久后，他们的创业项目开始取得一定的成效，一个月能收入十万元左右。

彼此之间互相欣赏，才能通过合作取得成功。例如，刘备与诸葛孔明也是相互吸引，相互欣赏，两人都崇尚德治，重视做人，赞成推行仁政。再比如，阿里巴巴的"十八罗汉"之一的蔡崇信，当初选择加入马云的团队，成为马云的合伙人，正是被马云的人格魅力所吸引，才同马云一起建立了商业帝国。

所以，认识时间长短不重要，重要的是你们彼此之间是否能够互相欣赏。

### （2）生活节奏相同

生活节奏，也是找对合伙人的关键。

很多人对这一点存在疑惑，他们会认为，私下生活是什么样并不影响两人的合作。但是，实际上，生活节奏不同的人，很难工作到一起。

我以前打工租房子的时候，跟我合租的是一个年纪同我相仿的男生。但是我们的生活节奏完全不同。我每天早上7点起床上班，晚上8点左右下班回来休息。而他一般早上10点钟起床，晚上9点左右下班，下班后会去附近的酒吧喝酒，一般要凌晨才回家。有时候喝得烂醉，还会在屋子里弄出很大的声音，影响我睡觉。试想一下，如果我要找合伙人，即便他有再强的能力，我也不会找他。不是因为他能力不够，而是因为生活节奏不同。

### （3）能力互补

一个优秀的团队的关键是，要有能力互补的人才。能力相同的人

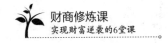

聚集在一起，会出现能干的事情，大家都抢着干，不能干的事情，没人干的现象。这样下去，创业无疑会失败。因此，在创业前，要清楚认识自己的能力和对方的能力，找到能跟自己能力互补的奋斗同伴。

例如，小米公司的七个合伙人都有明确的分工，雷军主要负责全面工作，而其他6个人分别负责研发、公关、营销、手机、电视、网络等板块的工作，彼此之间能力互补性很强。雷军在创业的时候，就特别注重这一点。他不单单注重工作能力上的互补，还会注重思维上的互补。

这个例子就表明，创业者在找合作同伴时，能力互补很重要。

### （4）价值观相同

人与人之间最大的差别是价值观的差别，如果你的同伴跟你价值观不同，那么可以很肯定地说，你们无法进行合作。

携程"四君子"曾在一次聚会上讨论了一晚上与互联网相关的话题。他们彼此之间对互联网都有着相同的认知。也正是这一次交谈，使得一家旅游服务电子商务网站的雏形诞生，成为今天的"携程在手，说走就走"。所以，个人价值观，是选择合作伙伴时，必须考虑的事情。

# 04 做值得托付的领军人物

创业意味着你不再是替别人打工，而是自己当老板。这时候你的身份就会发生转变，你需要带领团队创造业绩，而不再是一个人战斗。那么如何带好团队，做一个值得托付的领军人物呢？

## （1）具备责任心，敢于承担责任

俄国著名作家列夫·托尔斯泰曾说过，责任心，决定了生活、家庭、工作、学习的成功和失败。因此，要成为一个值得托付的领军人物，责任心是必备的。

何为责任心？

我曾听朋友说起这样一件事。他在一个公司的策划部门上班，有一次公司接了一个很大的项目，领导将这个项目交给他和他的同事去做。为了做好这个项目，不让老板失望，他们连续加了一个星期的班。一周后，他们将策划方案交给领导，领导对他们赞赏有加。然而遗憾的是，第二天早上，领导把朋友叫到办公室说，策划文案被他弄丢了。对于这件事，领导并没有多大的愧疚和自责，反

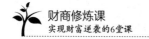

而是云淡风轻地说："创意和想法都是你们自己的，你们也都记得住，再花时间做一份吧。"朋友听完这句话后，非常生气，但是又不敢拒绝，拒绝的话很容易丢掉这份工作。但是此后，朋友工作起来不会像之前一样卖力了，而且也"学会了"推卸责任。

不具备责任心的领导，会让团队员工对你失去信任，不愿意将自己托付给你，进而会严重影响团队工作的效率。

有位哲人曾说过："一个人要想跨进成功的大门，就必须持有一张写满责任心的门票。"同样，如果你想带领团队创业成功，获得财富，就必须要持有一张写满责任心的门票。

### （2）有格局，眼光长远

有句俗话说："再大的烙饼也大不过烙饼的锅。"饼的大小，取决于锅的大小。这说的就是格局。所谓的格局，是指一个人的眼光、胆识和胸襟等。从管理学的角度看，领军人物格局的大小，也决定了其是否能做一个值得托付的领导。

有一个乞丐在街上乞讨，看到衣着靓丽的人时，毫无感觉。但是如果他看到有的乞丐乞讨到的东西比他多，就会非常嫉妒。有这种想法，注定一辈子都只能成为一个乞丐，因为他的格局太小了。

所以，作为领军人物，要注重大局，不要对手下的员工求全责备，要给他们一定的时间和空间去成长。

### （3）懂得关心你的员工

带团队其实就是带人心，99%的管理者失败源于不懂员工心理。而要做一个值得托付的领军人物，就要懂得关心员工，捕获员工的"芳心"。

美国盖洛普公司在2013年做了一个美国职场状态调查，调查结果显示，70%的美国人痛恨自己的工作和老板，对自己的职业缺乏热情。面对这一数据，不少管理者开始询问自己的员工"你们在工作中感受如何"。当他们开始去在乎员工的个人感受，关心员工的想法时，才有机会留住优秀的人才，提高工作效率。

游戏零售商"游戏驿站"的人力资源部主管丹尼尔·帕伦特就采取了正确的方式管理员工。为了深入了解团队的情况，关心员工的感受，他经常在自己的待办事项中写道：问问员工工作是否开心，以及我该怎么做才能让他们开心。坚持一段时间后，丹尼尔发现，只要询问团队成员以上两个问题，就能让员工明白他是支持他们、关心他们的。

当你懂得关心员工，他们就会信任你，将你当成值得托付的人，并且会畅所欲言地表达自己的想法。一旦你能够获得这些真实的反馈，就可以有针对性地采取一些措施来提高他们的工作效率。这是一件两全其美的事情。

### （4）及时兑现自己的承诺

员工能不能将自己托付给你，就看你是不是值得他们信任。因此，在工作中，承诺员工的事情要及时兑现。

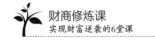
一方面，做出承诺的时候要谨慎，要确保该承诺能兑现，不能空口说大话，这样只会使自己的信誉受损；另一方面，兑现的承诺要牢牢记住，可以记在笔记本上或者手机备忘录上；最后，承诺要及时兑现。如果不能兑现，要向员工说明原因，并且要找其他方式弥补。

成为团队的领军人物，意味着你要承担更多的责任，你要在员工身上花费更多的心思。员工不是你的"敌人"，从某种程度上说，他们也是你的"合伙人"。所以，作为领军人物，你必须要对他们尽心尽责，这样他们才会愿意将自己托付给你。

# 05 建立一支高效团队

创业，通俗来讲，就是找共同奋斗的伙伴，带领一群有梦想的人一起打拼。因此，创业能否成功的关键不是个人能力的高低，而是你能否建立一支高效团队。

著名咖啡品牌星巴克最开始只是西雅图街头的一家小咖啡馆，而今天已经遍布全世界。它的成功除了归功于它在打造品牌时的独到策略外，高效团队建设也是至关重要的手段。

星巴克以门店为单位组成团队，倡导平等快乐工作的团队文化。在团队工作中，星巴克的团队领导从来不会把自己摆在最高的位置上，而是把自己视为普通员工。虽然他们需要从事安排、管理、计划等工作，但是他们并不认为自己高人一等，享有特权。例如，该公司的国际部主任，去国外的星巴克巡视的时候，也会跟店员一起上班，帮忙做咖啡、洗碗。此外，星巴克的每个员工都有明确的岗位分工，比如有的人负责接待顾客，有的人负责打扫卫生，有的人负责收款，有的人专门负责管理库存。店里的每一个人在上岗前，都会接受专业的岗位培训，他们会明确自己的职责，同时有很强的协作意识，即在别人需要的时候会主动帮忙。

所以，企业想成功，就必须要打造一支高效团队，让团队成员能够自发地为企业创造更多的价值。

那么，作为一个初创企业的管理者，要如何打造一支高效团队？

### （1）明确团队目标

打造高效团队的第一步就是要明确团队目标。团队目标是一个团队存在的理由，也是团队成员奋斗的动力和方向。

成立团队后，就需要明确自己团队的目标，即你要做出什么样的成果。这里需要注意的是，目标不是管理者个人的梦想，而是团队每个人的梦想。因此，在制定团队目标的时候，需要跟自己的同伴，跟团队的成员一起商讨，最终统一目标。

### （2）明确团队的工作准则

俗话说："国有国法，家有家规。""无规矩不成方圆。"在工作中要有一定的规范，否则无法管理员工行为。

　　所谓的工作准则，即要清楚地告诉员工能做什么和不能做什么，以及做了或者不做需要承担的相应后果。与制定团队目标一样，团队的工作准则也需要全员参与制定，可以让团队成员将自己的"准则"写在卡片上，让他产生归属感和参与感。最终的行为准则，需要大家讨论后统一决定。

　　值得注意的是，在制定工作准则的时候，不要一味强调犯错了怎么处罚，而是应该将重点放在团队之间应该如何沟通、如何协作上。制定工作准则的目的是提高员工的工作效率，而不是为了惩罚员工。

### （3）明确团队分工

　　"人尽其才，物尽其用"，只有把合适的人放在合适的岗位上，才能打造出一支高效团队。因此，团队管理者需要对团队的成员，包括你的合伙人有清晰的认识，要了解他们的性格、能力、爱好、技能等，以便给他们安排合适的工作。

　　高效团队强调的是合作，因此，在明确个人的岗位和职责后，团队成员之间也要互相了解对方的角色，以获取相应的帮助。例如，市场营销部的产品出现问题，那么可以咨询产品研发部。

### （4）共同学习与成长

　　建立高效团队自然离不开学习和成长。一般来说，团队员工的学习和成长要遵循 7：2：1 原则，即 70% 的员工可以通过工作经验学习和成长，20% 的员工通过辅导和指导提高自身，而 10% 的员工需要通过正规的培训课程来提高。

### （5）激发团队的能量

团队的潜能是无穷的，一旦团队成员的潜能得到有效激发，团队就能够创造惊人的业绩。因此，作为团队管理者，要懂得采取合适的方式去激发成员的潜能。

激发潜能其实就是激发团队成员的动机与需求，使其有持续的动力。例如，有的人工作动机是为了获取高额的报酬，有的人是为了提升自身的工作能力……不同的人动机、需求不同。因此，管理者要全面了解团队成员，并以他们喜欢的方式满足他们的需求。如加薪、发绩效奖金、晋升职位等。

打造高效团队并非一件复杂的事情，简单来说就是两点：人人能成长，事事有规矩。

## 06 人才要靠自己培养

人才不光靠引进，更要靠自己培养，学会培养人才是用人之道。

日本"管理之父"松下幸之助曾说："松下公司与其说是在造产品，倒不如说是在造人。"造人，这就是松下幸之助管理企业的秘密武器。人才对于团队、企业发展而言，是效率，是核心竞争力。所以，作为一名团队的管理者，必须重视人才的培养，以此提升企业的市场竞争

力，为团队创造更多的价值。

**（1）提供满足员工需求的培训**

培训是培养人才最常见的方式。管理者可以通过这种方式提升员工的专业技能、知识水平以及职业素养。

全球领先的科技企业西门子公司针对新员工入职培训设计了一个"导入计划"，目的是让他们能尽快适应新角色、新工作。"导入计划"培训时间为6个月，方式为不脱产。新员工进入公司后，必须参与培训。在培训过程中他们必须学会不断调整自己的心态和工作状态，以让自己能够快速转换角色。

此外，公司还将培训期定在试用期内。在此期间，发现员工不合适，便会立即终止与这些不符合公司发展需求的员工的合作。

除了基础的入职培训外，西门子公司还会给每一位员工提供更专业的培训课程以及更多的发展机会。西门子公司始终将员工放在公司经营的第一位，他们坚信员工才是公司最宝贵的资源，是公司得以生存和发展的强大支撑。

当然，培训的形式除了管理者准备培训计划和课程外，还可以采取"以老带新"的模式。"以老带新"，顾名思义，就是让工作经验比较丰富，对公司和岗位比较了解的员工带领新员工，为他们答疑解惑，培养他们基本的工作知识和技能。这样做，一方面能够有效培养新员工，另一方面还能促进双方之间的关系，对以后团队协作有很大的帮助。

电影《天下无贼》里有句经典的台词："21世纪什么最贵？人

才！"所以，作为管理者不能计较培训的成本，要知道现在你为员工投入的，将来他们会以十倍甚至百倍回馈给你。

### （2）形成学习与竞争氛围

企业培养人才最好的方式就是形成学习与竞争氛围，让团队人员能够自发行动起来，让人才更快成长起来。

一方面，要营造一种学习氛围。管理者可以组织大家一起讨论与工作相关的话题，让大家大胆发表自己的想法和意见，让团队员工之间互相学习，或者为员工提供更多学习的机会，如提供优秀的技能培训课程等。

另一方面，要有竞争氛围。管理学中有个著名的理论叫"鲇鱼效应"。"鲇鱼效应"来源于一个小故事。

挪威人喜欢吃沙丁鱼，尤其是活鱼。市场上活鱼的价格比死鱼高，于是渔民们想尽办法将沙丁鱼活着运回来。由于沙丁鱼生性懒惰，不爱运动，沙丁鱼还是会在漫长的途中窒息死亡。但是有一个渔民，总是能把沙丁鱼活着运回港口，卖出高价格。该渔民一直守着这个秘密，直到他离世的时候，这个秘密才公开。原来该渔民在装满沙丁鱼的鱼槽里放入了一条以鱼为食的鲇鱼。鲇鱼进入鱼槽后，因为环境陌生会四处游动，而沙丁鱼为了不被鲇鱼吃掉，也会四处游动。这样沙丁鱼就不会缺氧，被运回港口后依然活蹦乱跳。

鲇鱼效应，从企业管理的角度看，其实就是采取一些手段或措施，鼓励员工积极参与到竞争中，进而激发他们的潜能。例如，管理者可

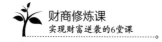

以将团队成员分成若干个小组，让他们之间互相竞争，先完成任务，并且质量过关的可以获得奖励，没有完成任务的，则要接受惩罚。

### （3）给员工创造机会和舞台

要让人才不断成长，就要给他们创造施展才华的机会和舞台。

美国著名企业英特尔公司除了会给新员工提供非常详细的入职培训计划外，还特意为员工安排一对一的会议，让新员工与自己的老板、同事、客户有机会进行面对面的交流，尤其是和高层管理者面谈，给新员工直接表现自己和学习的机会。

作为团队的管理者，一定要给员工机会，并要主动给他们创造机会和舞台，只有他们的能力得以施展，他们才能更快更好地成长，从而你才能获得更多的财富。

### （4）建立激励机制

如果管理者只采取一般的形式培养人才，即便刚开始他们热情满满，随着时间的推移，他们的热情和信心也会消耗完。如何激励他们不断努力提升自己，让他们对工作保持热情？答案很简单，即采取一些激励措施，如通过奖金或者晋升来激发员工的积极性。

培养人才，是管理之道，也是创业者快速致富之道。

# 07 一时失败恰恰是好事

创业似乎已经成了时代潮流。选择在公司踏踏实实工作的人越来越少，想通过创业实现财富快速增长的人越来越多。但是，现实是残酷的，创业这条路并不好走，绝大多数人都无法做到第一次创业就获得成功。于是，很多人失败后，就开始沮丧、抱怨、颓败，他们认为自己再也无法做好这件事情。其实，一时的失败恰恰是一件好事。

创业跟理财投资一样，都有一定的风险，有风险的事情意味着我们失败的概率很大。但一时的失败并不是一件坏事，关键在于你怎么看待自己的失败，能不能从这次失败中吸取教训，鼓起勇气重新站起来，继续完成自己的财富梦。

美图秀秀创始人吴欣鸿在创办美图秀秀之前，也有过创业失败的经历。

1999年，吴欣鸿还在上高中。有一次在家看到一则新闻：一个叫"business.com"的域名在美国卖出高达750万美元的价格。这则新闻成功地吸引了吴欣鸿的注意力，也激发了他投资创业的欲望。于是他便向家人借了一万元，开始投资域名。当然，这些投

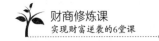

资的确让吴欣鸿赚了一些钱。因此，吴欣鸿对域名的投资越来越积极。

2002年，吴欣鸿发现了一个非常好的域名：520.com（谐音为：我爱你）。于是他灵机一动，准备用这个域名创办520社交网站，并模仿腾讯的会员模式，即只有付费会员，才可以获得对方的联系方式。

这个社交平台持续做了两年，也积累了几十万元的付费会员。但是两年后，因为产品和运营跟不上，不少会员开始停止续费。无奈之下，吴欣鸿只好卖掉这个域名。

创业失败后，吴欣鸿总结出两条教训：一是仅仅通过一个好域名来成立一家公司，是很荒诞的事情；二是自己平时不爱跟人交流，根本不了解社交平台上用户的真实需求。

总结教训后，吴欣鸿依然在创业路上不断摸索。在摸爬滚打几年后，吴欣鸿在2008年创立了美图秀秀，刚上线用户就突破100万。截至2017年6月，美图秀秀的应用已经覆盖全球超过15亿台独立设备，全部应用月活跃用户量达4.813亿。

漫长的人生旅程中，一时的失败恰恰是好事，能够让你从失败中获得教训，确保下次创业能够避开这些问题，取得突破性的成功。因此，创业者面对失败时，不要沮丧，要摆正自己的心态，从失败中找到问题。那么，失败究竟能给你带来什么？

### （1）从失败中审视自己，进一步明确自己的奋斗目标

失败的原因有很多种，可能是创业项目不行，也可能是自己的激情减退，那么这个时候，就可以对自己进行进一步的审视，要明确地问自己几个问题"是不是想继续创业""这个项目合不合适""继续创业有没有信心成功"……进而进一步确定自己的奋斗目标，重整旗鼓。

### （2）学习新的技能

失败之后，任何人都会为此感到痛苦。但是具备财商思维的人，不会被这种痛苦一直折磨着，而是会将这种痛苦转化成学习的动力，去学习更多的技能。

举个例子。如果创业失败是因为自己在跟客户交流时表达技巧存在问题，或者说缺乏专业的销售技能，那么失败后，就要努力学习这些新的技能，去完成一些更艰难的挑战，进而走入成功的殿堂。

### （3）全面认识自己的不足之处

在一次失败中，你一定能总结出自己有哪些方面的不足。例如，聚美优品创始人陈欧从前两次的失败，意识到公司的股权组织架构不健全、国外的形式在国内行不通，那么继续创业，他就必须学习建立健全的股权组织架构，了解国内市场的具体状况。

### （4）保持平和的心态

经历过失败的人，他们看待事情的心态会更平和，处理事情会更理智、冷静。他们不会把得与失看得太重，但是他们一定会努力去获

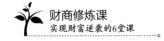
取自己想要的东西，去实现自己的梦想。

一时失败并没有什么大不了的，它不只给你带来了痛苦，也给你带来了成长和机遇。因此，要摆正自己的心态，要将失败看成一件好事，正视失败，只有这样你才能把握住更多机会，去实现自己的创业梦和财富梦。

# 08 能赚钱vs赚到钱

衡量一个企业好坏的标准不是看是否能赚钱，而是看能不能赚到钱。

在网约车刚开始的那几年，司机每天能够获得的利润是相当可观的。我身边一个朋友也看到了里面的"甜头"，想去尝尝。于是，他向身边的网约车司机打听，一个月能赚多少，司机告诉他说，好的时候一个月一两万元不是问题。这个数字可是远远超过朋友上班拿的工资。一个星期后，朋友去4S店提了一辆10万元左右的车，开始了自己网约车司机的生涯。但是跑了一段时间后，他开始抱怨"什么破网约车""根本赚不到钱""一个月下来油钱都花了不少""车贷都还不上"……

网约车的确能赚钱，但是朋友却没有赚到钱。很多人会将能赚钱和赚到钱之间轻易地画上等号，其实两者之间是有差距的。

现在朋友已经不开网约车了，找了家公司上班。当我问起他"创业失败的原因"时，他苦笑着说自己不适合，还是找份正经工作适合他。跟他深聊一番后才知道，原来从公司离职自己开网约车后，他早上再也不会七点起床，基本上每天睡到自然醒再去上班，晚上到了五六点就不接单了，开始约朋友吃饭喝酒。一个月下来，挣的钱自然不够开销。

而我的另一个朋友却完全不同，他也开网约车，一个月的收入却近万元。他每天早上7点就出门，中午11点多准时回家吃饭。吃完饭休息一会，1点左右出门继续跑单，一直到晚上8点再回家。周末单子多，他会加班到11点左右。他一天在线时间平均9个小时，流水加奖励金平均一天能收入400元，一个月收入在12000元左右。

同样的工作，一个只是做了一个能赚钱的工作，一个则是用这份工作赚到了钱。所以，千万不要把能赚钱和赚到钱画上等号，而是要找到连接两者之间的桥梁。在工作之前要清楚地知道：

### （1）为什么这份工作能赚钱

如果你认为这份工作能赚钱，或者听别人说这是一份赚钱的工作，那么你一定要清楚地知道，这份工作为什么赚钱，怎样才能赚到钱。我那个没有赚到钱的朋友他只知道别人一个月收入上万元，却没有清楚地问如何做才能月入上万元。只有清楚了解赚钱背后的事情，你才有可能赚到钱。

### （2）是否适合自己，是否能坚持

不是所有能赚钱的工作都适合你，你都感兴趣且能坚持下去。当

你清楚地知道这份工作要如何做才能赚钱后，你还必须确定自己是否适合这份工作，是否感兴趣，是否能坚持下去。我那个能通过做网约车月入上万元的朋友，他就喜欢这种不被约束的工作，而且自己很喜欢开车。所以，他能赚到钱并不只是因为网约车赚钱，而是因为这份工作适合他，他能够坚持下去。

其实，能不能赚到钱很多时候跟这件事或者这个项目能不能赚钱的关系不大。能赚钱的主动权，在这件事或者这个项目手里，是根据这件事或这个项目本身的价值来衡量的。而赚到钱的主动权在你手里，也许这件事或者这个项目的价值并不大，但是你可以赋予它更大的财富和价值。

## 09 学会和资本打交道

京东创始人刘强东曾在一次演讲上表示，将来每个成功的企业家必须做到两点：一是要经营好自己的业务，二是要学会跟资本打交道。何谓资本？资本是政治经济学的基本概念，是指人类创造物质财富和精神财富的各种社会经济资源的总称。资本，其实通俗来讲就是钱，是创业的关键要素之一。很多人想创业，但是自己没有足够的资金，此时就需要跟资本打交道，即要学会融资，启动自己的创业项目。

那么作为创业者，我们要如何学会跟资本打交道，帮助自己的公司快速融资？

### （1）深入认识和研究融资

有句话说："工欲善其事，必先利其器。"所以，要想学会跟资本打交道，就要摸清楚它的门道。

融资就好比一次推销，你要将自己的创业项目推销给投资人。而要实现成交，你就必须对投资人有准确的认识，知道他们的需求和偏好，只有你满足了他们的需求和期望，他们才愿意投资你。如果不去学习融资相关的知识，不去了解投资人，你永远不知道对方要什么，不知道市场要什么，这样一来，创业之路也就无法继续走下去。

除了了解投资人和市场，创业者还需要加深对融资的认识。很多创业者对融资的认识很片面，只能看到钱的表层作用，实际上融资的意义远不止于此。

对一个企业而言，融资的意义和价值有以下几点：

第一，融资可起到钱表层的作用。钱能够满足公司发展需求，如研发产品、给员工发工资、拓展市场等，没有资本的催化，公司很快就会陷入困境，无法发展下去。

第二，融资可以获得钱以外的帮助。优秀的投资人不仅有钱，他们还有更超前的认识。他们可以给你更周全、更具价值的建议和意见。此外，他们还有丰富的人脉资源。只要你懂得维护双方之间的关系，你获得的帮助就会远远超过金钱。

第三，融资可以给予员工安全感。对员工而言，什么是安全感？

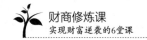

简单来说，就是钱。如果创业之初你总是抱怨公司没钱，那么你的员工很可能会因为缺乏安全感离你而去。而获得融资后，你的员工也会有安全感，进而会全心投入工作中，创造更高的价值。

第四，融资决定了企业的核心竞争力。创业初期，公司在市场中的竞争力非常弱。但是，如果能够获得融资，你可以将这些钱投入市场中，抢占市场份额，取得一定的市场地位。

第五，融资可以吸引有实力的人才参与进来。如果你能够获得融资，就说明公司有很大的发展潜能，这时候一些实力相当的人才，就会考虑加入你的团队，跟你一起奋斗。

所以，对创造者而言，必须要清楚认识融资并学会融资，否则公司发展就会处于非常被动的境地。

### （2）做好充足的融资准备

创业者没有任何准备就去找投资人，只会浪费时间和精力。融资不是借钱，不能打无准备的仗。如果你有融资的打算，那么你需要准备一些完善的资料。例如，你必须准备一份合格的商业计划书和一份能够展现自己公司实力的演讲稿，让投资人能够清楚知道，你的创业项目值得投资。

### （3）拥有良好的心态

融资跟推销一样，不是轻易就能取得成功的事情，很多人会吃"闭门羹"。因此，融资的时候，需要调整自己的心态，不能急功近利，要懂得跟资本打交道，就算融资失败，你们也能从中获取很多经验。

### （4）真诚地跟投资人沟通

投资人也是有感情的，所以不要把他们当成银行的自助取款机，你需要用真诚打动他们。例如，你结识了一些比较靠谱的投资人，那么你可以给他们发邮件或微信消息，告诉他们你的创业项目的进展，让投资人更深入了解你的情况，也许他们会被你的真诚所感动。

# *10* 永不放弃

众所周知，创业是一件非常困难的事情，因此在创业的路上很多人选择了放弃。从一些成功的企业家或者创业成功的案例来分析，不难发现，这些人都具备坚持不懈的精神。所以，创业成功最大的秘密就是永不放弃。

阿里巴巴创始人马云的人生之路就是"永不放弃"最好的体现。

1991年马云开始第一次创业，成立了海博翻译社。为了维持公司的正常运转，马云一个人背着大麻袋到义乌去进货，开始在翻译社卖小礼品。1995年马云辞去了大学教师的职务，投身互联网行业，创办了"中国黄页"，后来因为种种原因离开了公司又创办了阿里巴巴。

　　阿里巴巴刚成立的时候，公司也面临诸多困境。阿里巴巴最初的办公室，是在杭州西湖边的居民楼里，马云用十几个人凑齐的 50 万元启动资金，开始艰难创业。虽然很困难，但是马云一直坚持，并对一起工作的伙伴说："我们要建成世界上最大的电子商务公司。"2007 年 11 月 6 日，阿里巴巴在香港成功上市，市值 200 亿美元，成为中国市值最大的互联网公司。

创业的这条路上，马云经历的困难也是数之不尽的，而他之所以能取得今天的成就，很大一部分原因在于他永不放弃的精神。

　　那么，如何做到永不放弃？

### （1）有坚定的信念，树立自信心

做任何事情一定要有坚定的信念和强大的自信心，相信自己能够获得成功，不要遇到一点点困难就想要放弃。

- 消除自我怀疑。如果你自己都认为自己做不好，那么其他人也会对你产生怀疑。
- 和正能量的人在一起。很多时候，身边的人也决定了你能不能坚持做好一件事。例如，你身边的人做事比较消极，你很可能也会成为这样的人。相反，如果你身边的人做事认真，并且永不言弃，那么你也会受到感染，坚持做好自己的事情。
- 不断鼓励自己。要学会自我鼓励，自己表现不错的时候，要记得表扬自己。

### （2）提高自己的抗压能力

创业无疑要面对巨大的压力。很多刚开始创业的人，都会因为巨大的压力失眠，这种状态久了，会让人对任何事情都难以产生兴趣和热情，进而会选择放弃创业。因此，作为创业者，要想坚持下去，就必须学会提高自己的抗压能力。

- 找出生活中或者工作中产生压力的原因。
- 劳逸结合，适当减少自己的工作量。
- 可以通过跑步、听音乐、读书或者找趣味相投的朋友聊天等方式，舒缓、释放自己的压力。
- 写日记，输出压力。

### （3）培养积极的心态

如果你经历了很多挫折和失败，你一定会非常悲观、沮丧，但是如果你想获得成功就必须培养自己乐观、积极的心态。因为只有保持乐观、积极的心态，你才能理性地看待事情，进而把握更多的机会。

### （4）保持耐心

一般情况下，创业需要一段时间才能获得相应的回报，在这个过程中，很多创业者会因为看不到利益而选择放弃。如果你放弃了你就什么都没有了，但是如果你能够保持足够的耐心，坚持创业，那么你就有机会获得更多的财富。

### （5）做一个行动派

很多人选择放弃一件事情并不是因为他做了，而是因为他没有做。我身边有一个朋友，他非常想学吉他，并成为一名吉他老师。但是他觉得学吉他是一件非常困难的事情，于是还没开始学习就放弃了。所以，在没有获得自己想要的成功之前，请做一个行动派。在行动的过程中，你会慢慢发现其中的乐趣，进而会选择继续坚持下去。

### （6）设置合理的目标

放弃的一个关键原因可能是自己真的做不到。所以为了让自己能够坚持下去，一定要设置合理的目标。例如，一个初创企业，最初的目标应该是确保自己能够生存下来，而不是半年之内获得百万的盈利。

### （7）正确看待创业

如果你想要获得持续的动力，让自己能够在创业这条路上坚持下去，你就必须学会退一步看待创业这件事情。你要认识到，只要创业就必须面对各种问题、各种风险，你所遇到的困难是必然的，要取得成功就必须克服这些困难，并坚持下去。

第6章

# 财商第6课：让财富持续裂变

让财富产生裂变，通俗来讲，就是让钱生出更多的钱，即在原有资金的基础上，采取一些手段或措施让自己的资产倍增。拥有一定的财富并不是一件人人都羡慕的事情，但是拥有让财富产生裂变，让钱生出更多钱的能力，却是人人都羡慕的。

# 01  预算，可以为你建立财务秩序

投资、理财已经成为当今人们获取财富的一种基本技能，而在这项技能中，最关键的环节是预算。只有学会做预算，合理支配资金，你才能获得更多的财富。

预算就是我们平常所说的财务预算，可以集中反映未来一定时期（预算年度）的收支情况、经营成果和财务状况。然而在实际生活中，很少有人关注自己的财富状况，于是走上了"月光族""蚂蚁花呗族""信用卡族"的不归路。所以对想要实现财务自由的人来说，学会预算，建立自己的财务秩序是一件非常重要的事情。

一般来说，个人收支预算包括年度收支总预算和月度收支预算。按照"量入为出"的原则，制定个人收支预算，首先要确定在未来一年或一个月要储备多少资金。这样做除了可以保证个人资产按计划增长，还能应对未来可能产生的不时之需。相反，如果不做好个人预算，在突然遇到一些急需用钱的事情时，你就会着急得手忙脚乱，到处找朋友借钱或者刷信用卡，为自己增添更多的经济压力和困扰。

那么，应该如何做好预算？

**（1）做详细的年度支出预算和月收入预算**

先按照"量入为出"的原则制定自己的收入预算。个人工作收入、兼职、理财等，只要能给你带来收入的都列入自己的收入预算里。

当你做好自己的收入预算后，你就能合理分配自己的资金了。但是要注意的是，预期收入有时候可能并不准确，例如，你预期自己每个月的工资加上兼职收入，总收入在一万元左右，但是有一个月因为工作失误扣掉了 2000 元，你的收入就会低于预期收入。如果你认为自己的预期收入中有很多不确定因素，那么为了达到预期，你就可以有侧重地调整自己的投资理财方式或者增加收入来源，确保自己收入能够达到预期，或者适当降低自己的预期收入，避免到时候入不敷出。

**（2）做详细的年度支出预算和月支出预算**

做好个人收入预算之后就要做个人支出预算。预算本身就是为了合理规划资金，因此必须要充分考虑可行性。

支出预算主要分为四大类：

第一类：硬性支出。硬性支出是指固定不变的、生活中必需的开支，如房租、水电费、手机话费、网费。

第二类：梦想支出。是指未来要做某件花费较高的事情，需要支出的费用，如旅游等费用。这部分的支出需要根据个人经济能力而定，如果是初入职场或刚开始创业的人，建议不要有太多的梦想计划。我们可以设置一个 5 年左右长期的梦想计划和一个 2~3 年的短期梦想计划，梦想支出资金占硬性支出余额的 50% 左右比较好。当然具体比例自己可以视情况调整。

第三类：软性支出。软性支出就是不固定的支出，如女生的化妆品、衣服、包包等。这部分开支的弹性比较大，是生活中需要的部分，但不是必须、一定要的。所以对于这部分支出，建议占总支出比例的35%左右为宜。

第四类：灵活支出。灵活支出是指超出计划外的支出，如生活中突发变故带来的开支等。

做完收入和支出预算后，如果你的预算收入远远超过自己的支出，那么你可以将这笔钱储备起来，也可以购买合适的理财产品，让自己的财富产生裂变。

## 02 储蓄一定比例的金钱

德国著名的投资家、企业家，欧洲首席金钱教练博多·舍费尔认为，使人变富有的不是收入，而是储蓄。所以要想财富产生裂变，就要学会储蓄一定比例的金钱。

我身边有一个朋友，毕业之后在二线城市上班，每个月拿着3000元左右的工资，基本上存不了钱。有一次跟他一起吃饭，他突然说："我不能这么下去了，我得开始存钱。"我笑着问他怎么突

然开窍了。他说："前两天我打车回家的路上，跟司机闲聊房子的事情。司机说，他已经攒钱买了两套房，还投资开了一家面店。现在单靠房租和面店，每个月就进账好几万元。我现在还年轻，我还有致富的机会，所以我要开始攒钱。"

赚多少花多少等于没有收入，真正意义上的收入是你储蓄的钱。只有当你储蓄了一定比例的金钱，你的资产才能流动起来，你才能将金钱花在有价值的事情上，让钱生钱，让财富不断产生裂变，进而实现财务自由。

古巴比伦有这样一则寓言故事：

有一个青年名叫阿尔卡德，他是一名记录馆的抄写员。尽管他每天都非常努力地抄写文件，但得到的报酬还是非常少，因此生活过得非常拮据。后来偶然一次机会，他结识了一个放债的人奥加米什。这个人是古巴比伦最有钱的人，他告诉阿尔卡德一个好办法——把所有的钱都存起来。年轻的阿尔卡德觉得可笑，自己已经入不敷出，哪来的钱存起来。为了让阿尔卡德相信，奥加米什坚定地告诉他，自己就是通过这种方式，从一个穷困的牧羊人变成了富有的放债人。

于是，阿尔卡德决定尝试一下。他开始省吃俭用，努力攒钱，每个月都会将收入的 1/10 强制存起来。让人意想不到的是，几年过后，阿尔卡德存到了自己人生第一笔金钱。而这就是后来被人们誉为"古巴比伦最富有的人"财富之路的开始。

除了故事中的阿尔卡德外，全球投资之父约翰·邓普顿也非常重视储蓄金钱。约翰·邓普顿年轻的时候，就和妻子把每个月收入的50%存储下来，即使在挣得特别少的月份也要坚持这么做。

事实上，存储金钱是最简单的理财方式，也是实现财务自由的先决条件。只有储蓄了一定的金钱，你才能成功跨入理财的下一步。但是这里需要注意的是，储蓄金钱不是把所有的钱都存到银行卡里，而是按照一定的比例储蓄。

对一般人而言，钱就只是钱，是用来购物和消费的。但是，在具有财富思维人的眼里，钱不只是钱，它们有各种用途。通常情况下，他们一定会打理好这三类钱：

### （1）应急的钱

天有不测风云，生活中难免会遇到一些意外，因此我们需要准备应急的钱。在第2章中，给出了一个资金流动性比率的公式，它反映的就是支出能力的强弱，一般参考值为3~6。也就是说，正常情况下，我们要保留3~6个月的个人开支。少于3个月就会导致急需用钱的时候拿不出足够的钱，阻碍自己实现财富梦想。

### （2）保命的钱

人有旦夕祸福。如果自己或者家人患上了重大疾病需要支付昂贵的医疗费，这时候就必须要有储备金，才能帮助自己或者家人渡过难关。一般情况下，保命的钱为3~5年的家庭开支。当然这笔钱不是放在那里，你可以用这笔钱去购买理财产品，如债券等风险低、稳定性高的产品。

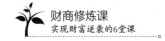
### （3）闲置的钱

闲置的钱是指 3~10 年内不会使用的钱。这些钱可以用来投资一些收益比较高的理财产品，以获取更高的收益。当然，具体如何配置这些资金、购买什么样的理财产品还需要根据个人的情况和喜好而定。

## 03 重视你的现金流

美国著名作家、企业家罗伯特·T. 清崎在《富爸爸，穷爸爸》里面提到，正如我的富爸爸说，如果现金流是真正的问题所在，那么再多的钱也解决不了问题。其实，现如今很多人不能实现财务自由，不是因为能力问题，而是因为你没有重视现金流。

现金流是指投资项目在其整个寿命期内所发生的现金流出和现金流入的全部资金收付数量，是评价投资方案经济效益的必备资料。

那么要如何掌握好自己的现金流？

### （1）清楚认识现金流的概念

实际生活中，很多人会将现金流跟保持收支平衡之间画上等号，认为只要保证自己的收入和支出平衡，就能避开财务问题。但是我们会发现，这种认识是错误的。

生活中不确定因素非常多，也许某一天突然发生一件事情，需要大量的资金，这时候，这部分的额外支出就会完全超出我们的经济实力，进而给我们创造成非常大的经济压力。大部分人在这个时候，会选择向朋友借钱或者向银行借钱（刷信用卡）。久而久之，如果你无法很快偿还这笔负债，你未来的日子都会在巨大的经济压力中度过。

所以，掌握现金流不等于保持收支平衡，而是要在消费之前，拿出一部分的资金，购买一些投资理财产品，或者通过其他方式增加自己的额外收入。简单来说，我们要做到减少自己的支出，并扩大自己收入的来源，增加财富。当你的收入不单单是来源于工作的被动收入时，你的收入就会大于支出，金钱才能流动起来。

衡量一个人是不是富有，不是看一个人的收入，而是看他的现金流。

### （2）谨慎购买理财产品

很多人为了增加现金流，会选择购买理财产品。这的确是增加现金流的一种方式，但是投资理财一定要谨慎选择，一定要购买能够创造现金流的产品，而不是消耗现金流的产品。

现在很多人会投资房产。购买的房子可以通过出租来获取资金，增加我们的现金流。但是，如果我们购买一辆车，那就是在消耗我们的现金流。汽车需要每年交几千元乃至上万元不等的保险，还有油费支出，而且汽车从买来的那一刻就会不断贬值，这意味着你在消耗自己的现金流。

所以，大家在消费之前一定要重视现金流，保证自己的现金流是

在增加，而不是在减少。

### （3）培养以"资金"为本的财务思维

说到财富，大部分人的想法是"坐拥金山"，其实具备财务思维的人是不会这么想的。因为如果资金一直不流动，就会出现很多财务问题。所以，要想实现财富梦，就必须培养自己以"资金"为本的财务思维。

如何养成以"资金"为本的财务思维？你要学会经常询问自己两个问题：

第一个问题：现在的资金与上个月相比是增加了还是减少了？

第二个问题：我的钱都花在了哪些地方？

只有明确以上两个问题，才能清楚自己的资金流动方向，进而准确分析自己整体的财务状况。

现金流是财富裂变的核心。要想实现财务自由，就一定要重视自己的现金流，准确掌握自己资金的流动方向，让钱生出更多的钱。

## 04 使用储蓄资金进行投资

理财，简单来说就是让你的资金保持增值或保值的状态。也就是说，如果你有一定的储蓄资金，就应该使用这笔资金进行投资。

那么，怎么样使用储蓄资金进行投资，使自己的财富产生裂变呢？

### （1）将钱存入银行

将钱存入银行是大多数人选择的投资理财方式，也是最简单、最方便的一种方式。

所以，当你有一定的储蓄资金，但是没有选择好投资理财方式时，你就可以将这笔钱存入银行。但是要注意的是，在存款期限、存款方式和存款金额上要认真考虑以下几点：

第一，选择合理的存款期限。根据个人情况，选择合理的存款期限。例如，如果担心生活中会出现急用钱的特殊情况，那么可以选择"每月储蓄"，即每个月存入一笔钱，所有的存单都相同，只是日期差一个月。这种储存方式比较灵活。而如果你把钱全部存进去，当你急用钱的时候取出来，就会损失一笔利息。

第二，选择合适的存款方式。要想获得较高的利息，可以采用"阶梯式"存储。举个例子，现在你手里有20万元，那么你可以将这笔钱分为两部分存储。其中，10万元选择活期存款1年期，便于随时支取；另一个10万元，可以分别存1年期2万元和2年期、3年期的定期储蓄各4万元。1年后，将到期的2万元取出来再存3年期。以此类推，这样3年后持有的存单都为3年期，只是到期的年限不同，彼此相差一年。阶梯式存储方式，不仅可以应对利息的调整，还可以获得长期存款的较高利息。

当然，资金的存储方式还有很多种，个人可以到银行进行详细咨询，然后选择适合自己的存储方式。

第三，根据个人情况合理配置资金。将钱存入银行，也要根据个人的资金情况进行合理配置，如多少钱存定期，多少钱存活期。

### （2）选择合适的投资理财产品

银行存款一般风险比较低、稳定性高、收益比较低。如果想让财富迅速增长，就要使用储蓄资金购买合适的投资理财产品。

那么，购买投资理财产品需要注意哪些事项？

一方面，要清楚自己的理财偏好。很多人选择投资理财产品的时候，只会关注回报率，但是高回报也意味着高风险。然而，每个人的经济能力都是有限的，在购买投资理财产品的时候，你必须要清楚自己喜欢什么样的产品，要确定风险是不是在自己可承受范围内。只有这样，我们才能对理财致富更有信心和动力，永远坚持下去。

另一方面，要合理配置自己的储蓄资金。关于投资理财，有这样一句俗话：不要把所有的鸡蛋放到一个篮子里。也就是说，用储蓄资金购买一个投资理财产品的时候，不能把所有的钱都投进去，如果投资失败，我们就是"竹篮打水一场空"。因此，我们要合理配置自己的储蓄资金，即要对自己的储蓄资金进行管理，根据自己的偏好和风险承受能力，选择合适的理财产品和投资时机。

对理财新手而言，可以将储蓄的钱存入银行。但是，存入银行是一种最基础的理财方式，这并不意味着你会理财。真正会理财的人，要懂得在最基础的理财方式上，学习更多的理财知识，然后根据自己的个人情况选择合理的投资理财方式，让自己的财富产生最大化的裂变。

理财是一门技术，更是一种生活方式。那些富有的人，往往不仅会储蓄，还会将储蓄的资金进行投资，让这些钱不断生出更多的钱。所以，如果你手头有一笔储蓄资金，那么就不要让它们"沉睡"，应选择合适的理财方式"唤醒"它们，挖掘自己的财富潜能。

## 05 根据人生阶段确定投资重点

人生哪个阶段压力最大？相信大部分人都会回答是中年。因为对中年人而言，他们上有老下有小，压力无疑是最大的了。大部分的中年人都不能像年轻人一样，来一场说走就走的旅行，因为"世界那么大，我想去看看"而任性辞职。人到中年，压力要想少一点，就必须根据人生不同阶段确定不同的投资重点，以获得财务自由。

如何针对不同的阶段进行投资？

首先要根据人生不同阶段的特性对人生进行划分。《金融理财原理》一书将人的一生分为六个阶段，分别是：探索期（18~24岁）、建立期（25~34岁）、稳定期（35~44岁）、维持期（45~54岁）、高原期（55~64岁）和退休期（64岁之后）。人在不同的阶段，其财务状况不同，能承受的风险不同。因此，各种阶段的投资理财方式也不同。

根据不同的人生阶段确定投资重点是财富持续裂变的关键。

### （1）探索期：做好就业前的充足准备

探索期，也是个人成长期。该时期在各方面的特征表现为：

- 学业事业方面：面临继续升学，或者选择就业的问题；
- 家庭形态方面：主要以父母为中心，主要经济米源为父母；
- 理财活动方面：一边提升自己的专业技能，一边选择一份高薪酬的工作；
- 投资工具方面：一般会选择定期存储+简单的长期投资；
- 保险计划方面：意外险、医疗险或者人寿险，受益人则为父母。

探索期，基本上是高中升大学至读研或初入职场这段时间。这个阶段最重要的事情是：

- 学习更多的知识和技能；
- 利用业余时间，了解并深入学习投资理财方面的相关信息和知识，熟悉各类理财产品，了解自己的理财偏好；
- 提升自己的财商思维；
- 树立自己的财富目标；
- 养成记账的习惯，每个月制订详细的收支预算表。月末对表格进行分析，合理调整收支情况，并且要强制自己储蓄；
- 从最简单的、最稳定的、风险最低的理财产品入手。比如，可以选择基金定投。随着资产的增加，可以再尝试多元化的投资，以快速增加财富；

- "天有不测风云，人有旦夕祸福"，因此，要为自己购买合适的保险。

## （2）建立期：有计划地进行财务规划

处于这个时期的人的特征是：

- 学业事业方面：可以选择在职进修，事业方向基本确定；
- 家庭形态方面：大多已经结婚，有小孩；
- 理财活动方面：量入为出，为买房积攒首付；
- 投资工具方面：理财加上长期投资；
- 保险计划方面：子女教育险、人寿险、意外险等，受益人为配偶。

这个阶段的人，已经从职场新人成为一个成熟的职场人士，也已经成立了自己的家庭，可能还会有一个小孩。这个阶段，个人收入提升快，可承受的风险也逐渐增加。所以，在这个阶段，除了要提升自己的主动收入外，还要有计划地进行财务规划。一般要做的是：

- 根据未来需求，制订长期的理财计划。然后，可以将计划细化，列出短期、中期、长期理财目标，并列出具体的金额和时间。
- 除了日常的定期储蓄外，还要将更多资金用在长期投资上，以获取更多的财富。比如，在自己风险承受范围内，选择一些激进型、收益比较大的理财产品，如股票等。
- 购买人寿险和子女教育险，受益人均为配偶。

### （3）稳定期：储备孩子的教育金和自己的养老金

- 处于该阶段的人的特征是：
- 学业事业方面：提升管理能力，并进行创业评估；
- 家庭形态方面：小孩开始上小学、中学；
- 理财活动方面：需要偿还房贷，并且要积攒小孩上学的教育基金；
- 投资工具方面：定期投资+房产+其他投资；
- 保险计划方面：基于房贷配置相关保险。

这一阶段的人，工作稳定，孩子开始上小学、中学。所以，育儿基金和房贷是两项比较大的支出，而且在这一阶段，收入增幅会减缓，风险承受能力会逐渐降低，也就是人们常说的"中年危机"。

当然，这一时期不仅有挑战，也存在很多机遇。大部分人发展到这一阶段，基本上都有了明确的方向。而且有一部分人已经进入了公司的管理层，有了稳定的工作和收入。因此，这一时期要做的事情是，储备孩子的教育金和自己的养老金。要做的理财规划是：

- 可以选择银行的长期投资理财产品、基金定投或者其他产品；
- 如果房贷压力比较大，要基于房贷选择合适的寿险；
- 家庭主要经济来源方，要购买医疗保险和重疾险；
- 购买小孩相关保险。

### （4）维持期：构建多元投资，筹划退休生活

处于该阶段的人的特征是：

- 学业事业方面：已经获得了一定的成就和地位；

- 家庭形态方面：小孩已经上大学，或者准备考研或出国留学；
- 理财活动方面：收入增加，开始积攒退休金；
- 投资工具方面：建立多元化的投资组合方式；
- 保险计划方面：养老保险、投资型保险。

维持期其实是投资能力最强的阶段。处于该阶段的人，小孩已经长大，自己的财富也积累到了一个高峰，有足够的资金选择多元化的理财产品，让财富产生巨大的裂变，进而可以规划美好的退休生活。

这一时期，需要做好的是：

- 此阶段的投资能力比较强，并且可以承受中等程度的风险，因此可以尝试债券基金、股票型基金、艺术品投资等理财产品；
- 可以重点投资养老保险。

### （5）高原期：做好退休的资金准备

目前，我国的退休年龄男性为60周岁，女性为55周岁。处于该时期的人的特征是：

- 学业事业方面：成为高层管理，有自己的小团队；
- 家庭形态方面：小孩已经独立，有一定的经济来源，可以养活自己；
- 理财活动方面：经济负担大大减轻，准备退休；
- 投资工具方面：降低投资组合风险；
- 保险计划方面：注重养老保险、长期看护保险。

鉴于该阶段的人收入比较高，小孩也已经就业，经济压力逐渐减少。因此，这时期要做的理财规划是：

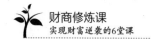

- 要开始规划自己退休后的生活。在投资上，要选择风险较低的投资组合，或者风险较低的理财产品；
- 退休时，可以将自己原来购买的养老保险转换为终身年金，即活到老领到老，同时要做更长远的打算，为自己购买长期看护险。

### （6）退休期：享受晚年生活

处于退休期的人的特征是：

- 学业事业方面：已经有一定的成就，在某领域可能成为专家，开始传授自己的成功经验；
- 家庭形态方面：儿女已经有了自己的小家庭，你也已经有了自己的孙子或孙女；
- 理财活动方面：享受生活，规划自己的遗产；
- 投资工具方面：主要以固定收益的投资为主；
- 保险计划方面：领取终身年金，直到终老。

人生处于这段时期的时候，最想做的事情就是能够安度晚年。因此，在这段时期的理财规划是：

- 考虑到自己已经退休、收入开始下滑、风险承受能力降低，投资必须以稳定、低风险、固定收益的产品为主，比如货币基金、银行定期存款等；
- 可以将自己已经积累的退休金的一部分，用来购买终身年金，活得越久就能领得越多。

# 06 正确利用杠杆投资，让获利加速

古希腊著名科学家阿基米德有这样一句流传很久的名言："给我一个支点，我可以撬起整个地球。"后来，这一原理也被运用到投资理财领域。如果能正确利用杠杆投资，就一定能够加速获利。

杠杆投资，简单来说，就是通过少量的资金操控大量的资金来放大收益的工具。一般来说，利用杠杆投资也要掌握一个度，避免"用力过度"，给自己带来负债。适当给自己的投资加上杠杆是非常必要的一件事，也是使财富产生裂变的好方法。下面介绍几种正确的为自己的投资加"杠杆"的方式。

### （1）贷款买房，撬动更多财富

随着房价的不断上涨，能够全款买房的人越来越少，绝大多数人都会通过贷款买房。一些不具备财务思维的人，对贷款买房这件事情，认为从银行贷款买房的人都不明智，贷款购买一套房子给银行的利息都几十万元。买一套房子，贷款三十年，这不就是在给银行打三十年的工吗？不妨换个角度思考，其实不是你在替银行打工，而是银行在借钱给你投资。因此，收取一小部分的利息是理所当然的事情，而且

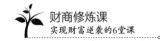
你完全可以用借来的钱，创造出更多的钱。

如果我们能将贷款买房省下来的钱进行其他投资，收益也远远超过贷款要支付的利息。而且，受通货膨胀的影响，我们的收入是会不断增长的，但是欠银行的钱并不会增长。所以，贷款买房不仅可以让你撬动更多的财富，还能让你拥有更多可自由支配的收入。

### （2）给信用加"杠杆"，获取更多的投资机会

现如今是一个信用社会，没有信用到哪都寸步难行。信用好，不仅可以方便消费，还能获取更多的投资机会。所以，给自己的信用加"杠杆"也是杠杆投资中的关键步骤。

俗话说："有借有还，再借不难。"其实讲的就是信用。给信用加杠杆，即要及时偿还债务。当你保持良好的还款记录时，银行会主动给你提升消费额度，意味着你的信用增加了。而当你可以从银行贷到更多金额时，你就可以将自己手头的流动资金用于其他投资。

举个例子。你手头有一张额度为2万元的信用卡，你可以用这2万元来进行日常消费，然后把自己本该花费掉的资金用作其他投资。

信用卡逾期不还会上征信系统，这个记录是可以追踪、查询的。如果以后需要买房、买车，银行会查看你的征信记录，征信记录良好，你就可以获得最大的贷款额度，这就是信用杠杆最大价值的投资。

除了给信用加杠杆，利用杠杆贷款买房外，还有更多的杠杆投资方式。但是这里需要提醒大家注意的是，杠杆投资也是有风险的。因此，为投资加杠杆的时候，一定要把握合适的力度。一般来说，年轻人可以适当利用杠杆投资，因为年轻人收入的增长期比较长，早期杠杆投

资带来的经济负担，会随着时间的推移慢慢减少。相反，年纪大的人，就要相应调低杠杆，避免承担过多的风险。

利用杠杆投资，是一个能让你加速获利的办法。但是具体你能否通过杠杆投资获利，关键在于你能否找到适合自己的杠杆强度。如果掌握不了分寸，不仅无法加速获利，还可能会面临巨大的风险。

# 07 保险"只保担心的事"就好

俗话说："天有不测风云，人有旦夕祸福。"正是人们的这种担心，催生了保险。生活中，难免会出现一些意外和变故，如果想要在不确定的未来活得更加从容，就要未雨绸缪，趁早做好预防工作。而保险，就是应对未来突发情况和意外风险最好的工具。

然而，生活中很多人对保险的认知是"越多越好"，无论是担心的事情还是不担心的事情，他们都要购买一份长期保险，这也是保险产品畅销的主要原因。

其实正确的购买保险的观念不是"越多越好"，而是"只保自己担心的事"就可以。例如，保障的需求是 100 万元，那么投 500 万元岂不是更好，更有保证？其实并不是这样，大多数时候，人们只关注保险最后的受益金额，却没有注意到缴纳的保费在不断增多，这会导致自

己的生活质量不断下降。如果为了保全不确定的未来，而"牺牲"当下美好生活，那么保险对你来说，不是在帮助你，而是在破坏你的幸福。

我身边有一个女性朋友，她常跟我抱怨说她妈妈会给她还有家人购买各种保险，每年光保险的费用都要花上几万元。20岁的时候，她妈妈为她购买了一份婚嫁险，每年都要交一定的保费，直到一定的年龄才返还。朋友觉得这是完全没有必要的保险，这些保险费完全可以花在其他地方进行投资理财。与此类似的保险，还购买了很多种，朋友为此感到很头疼。

而我另一个朋友的父母的保险观念就截然不同。朋友拿到驾照两年多了，一直不敢开车，生怕自己开车蹭到别人的车而赔不起。父母为了打消她这种顾虑说："你只要开车的时候，注意安全就好。再说，你要买车我们也会帮你买一份车险，这样不小心蹭到别人的车，也有保险公司帮你赔付，不用担心。"在父母的鼓励和支持下，她果断买了一辆自己心仪的车，顺利开上路了。

所以，购买保险时一定要有正确的观念——"只保担心的事"。将购买多余保险的费用节省下来，进行储蓄和投资，会获得更多的财富，进而提升自己的生活水平和质量。

### （1）根据人生不同的阶段，选择合适的保险

人生各个阶段对保险的需求不同。例如，当你一个人生活的时候，公司购买的五险基本就能满足你的需求。但是如果你上有老下有小，你成为经济主要来源者时，你就必须给小孩和父母购买保险。当小孩

长大成人或者父母去世后，这些风险就降低或消失了，之前购买的保险就不用再继续购买了。所以，很多保障的需求只是一段时间，并非是终生都有需求。因此，要根据自己人生不同的阶段，有规划地购买保险。

### （2）选择正确的保险品种，用较低的保费获得较高的保障

很多人会把"贪图便宜"这种消费观念用来购买保险产品，如意外险的保险费很便宜，大多数人都会选择购买，他们的想法是"反正便宜，而且难免意外"。然而他们不知道的是，意外险之所以便宜是因为意外险涵盖的保障较少只有发生意外才给理赔。

所以，不要因为价格低而购买保险，要根据自己的需求购买适合自己的保险。用较低的保费获得较高的保障，才是购买保险最正确的方式。

## 08 永远不要欠下消费债务

中国有句俗话："冷在风里，穷在债里。"对于当代的年轻人来说，债务这一词并不陌生，因为他们每个月必须还的"蚂蚁花呗""信用卡""微粒贷"等都是属于消费欠下的债务。

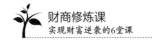

2017 年蚂蚁花呗发布了《2017 年轻人消费生活报告》，调查报告显示，在中国近 1.7 亿 90 后中，开通花呗的人数超过 4500 万，也就是说平均每 4 个 90 后中就有 1 个使用蚂蚁花呗。在购买手机的时候，有 76% 的年轻用户会选择分期付款。除了蚂蚁花呗外，年轻人还会刷信用卡，以及通过其他的借贷方式，获取资金进行消费。新时代的人，不是被生活压力压垮的一代人，而是被债务压垮的一代人。所以，要想致富，就永远不要欠下消费债务。

**（1）不要误读"花明天的钱，圆今天的梦"**

我身边就有这样一个例子。有一年的"双 11"，身边一个异性朋友准备趁过节做活动，购买一只手表。当时我说："挺好的，反正过节有活动。"然后，随便问了她准备买什么价位的手表。她笑着说："买个还可以的，能戴出去的。"我听了之后说："对的，两三千元的就够了，戴得出去。"她摇摇头说："不，我打算买一只一万多元的，前两天看了一款，很好看。"随后，她就把手机打开给我看，看到上面的标价"16000 元"时我非常震惊。我说："你一个月挣 3000 元，现在已经攒够一只这么贵的手表的钱了？"她说："一看就不是年轻人，年轻人要懂得'花明天的钱，圆今天的梦'。"我说："梦是圆了，负债你不累啊。"她很轻松地说："慢慢还，日子还长。"在购买手表之后，她又开始购买名牌鞋和包包。过了很长一段时间，听身边的人说她因为在网络平台上借贷，还被起诉了。

消费是为了给自己带来更幸福的生活，如果消费成了你压力和痛苦的来源，那么就是你消费的方式不正确。所以，要想让财富产生裂变，让自己以后过得更幸福，就必须树立正确的消费观——永远不要欠下消费债务。

一般来说，产生消费债务的原因主要是为了享受生活。为了寻找自己想要的幸福生活，很多人会购买超出自己经济能力的奢侈产品，如朋友购买的16000元的手表。这些产品除了能满足他们的虚荣心，让别人羡慕自己外，并不能给自己带来多少好处，甚至后期会让自己陷入无穷的痛苦之中。所以，贷款购买这些为了博得羡慕眼光的消费是不可取的，一定要改变这种消费观念。

### （2）学会排除自己的不良消费债务

何为不良消费债务？即是上述我朋友购买那一只远远超出自己经济能力的手表所欠下的债务。通常来说，不良的负债都是由过度信贷造成的。随着人们经济能力和生活水平的不断提高，越来越多的人会选择"花明天的钱来圆今天的梦"，因此信贷规模也在与日俱增。我们不难发现，身边很多人都成了"信用卡奴""房奴""车奴"，经常是一个月的工资无法偿还这些债务，还要"拆东墙补西墙"。最后出现的情况是，负债越来越多，原本追求的幸福变成了不幸。

所以为了减轻自己的经济压力，一定要减少甚至直接排除这些不良消费负债。简单来说，我们需要根据自己的经济情况，购买符合自己实际需求的东西，并控制自己的超前消费。

控制自己超前消费要做到以下几点：

第一点：能够一次性还清的债务，不要分期。分期需要偿还利息，还会给人一种没有消费多少钱的错觉。

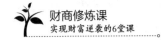

第二点：及时偿还债务。例如，信用卡每个月9日还款，那么就要提醒自己注意还款时间，可以用手机备忘录设置还款提醒，还可以尝试利用还款软件。信用卡一旦逾期，利息也会相当高。此外，逾期偿还还会影响个人征信。

第三点：根据个人经济实力，调整相应的信用额度。用信用卡的人都知道，如果你不断使用信用卡，而且能够做到及时还款的话，银行就会给你提升额度。但是不要因此特别高兴，提升额度意味着你要花更多的钱。信用卡里的钱并非不用偿还的，只是给你一个缓冲时期。所以，不要把信用卡的钱跟自己的资产画上等号。你要根据自己的偿还能力，选择相应的额度，避免出现巨大的债务问题。

如果消费给你带来的是短暂的快乐和长久的痛苦，那么请坚定地告诉自己：永远不要欠下消费的债务。